La Vie des Fourmis

蟻の生活

モーリス・メーテルリンク

田中義廣＝訳

工作舎

蟻の生活　目次

序
蟻類学の予感 007
諸科学にヒエラルキーはなく、蟻類学はわれわれ人類にとってもっとも近傍の学問である。

1章
アリ社会の部分と全体 019
誰が統治し、調和するのか一向に理解することはできないが、有機的生活こそ存在の根本である。

2章
アリ塚の神秘 035
アリは打算なしに与え、何ものをも自分の体内にあるものでさえ所有しない。彼らには食欲もない。

3章 都市の建設
都市はただ一つの存在の生活であるかのように、
時空を超えて生き続けることを要求している。
045

4章 アリの住居
錯綜した異様な、綿密で幻想的なアリの住居は、
まるで有史以前の化石のみが与える印象に似ている。
057

5章 戦争
不正義きわまる種族こそが、もっとも文明化し
知識の発達した種族であることを認めざるをえない。
069

6章
伝達と方向感覚
アリ自身が巣の方向を示す羅針盤か、磁針ではなかろうか。
巣の中では磁気を抜かれて休息している。
091

7章
牧畜
蜜を求めて歩き廻る一匹のアリが、
たまたまアリマキの一団のそばを通り過ぎたとき、新時代が始まった。
109

8章
キノコ栽培アリ
未来の都市の創設者は結婚飛行に発つとき微細な菌糸の塊を携えて行き、
自分の部屋に播き栽培する。
117

9章 農業アリ 129
彼らは巣の周辺に繁茂する草を刈り、開墾して円形の空地を作り、アリ稲または針草を栽培する。

10章 寄生者 149
お人良しで無分別といえるほど客を歓待するアリにとって、寄生とは自然が好む一様式なのだ。

エピローグ 163

蟻の生活・文献 179

訳者あとがき　田中義廣 187

序

蟻類学の予感

諸科学にヒエラルキーはなく、蟻類学はわれわれ人類にとって
もっとも近傍の学問である。

I

すでに著した二作、『蜜蜂の生活』と『白蟻の生活』が好評を博したのに、社会生活を営む昆虫の三部作をどうして完成しないのかとよくたずねられたものだ。私は長いあいだ躊躇した。アリは人々の共感を呼ばない生物であって、しかもあまりによく知りつくされていると思っていたからである。アリの知性、勤勉、貪欲、器用さ、用心深さ、政治については今さら繰り返すまでもないように思われた。これらの知識は、われわれが小学校で習い覚えた共通の財産の一部を成し、「テルモピレーの戦い」や「ジェリコの攻略」などとともに一片の記憶としていつまでも残っているものだ。

これまで私は町よりも田舎で暮らすことの方がずっと多かったので、おのずと目につきやすい昆虫に興味をもつようになった。ときには、アリをガラス箱で飼ったこともある。これといった方法も目的もなく、アリたちのせわしげな往来を観察してもみたのだが、そのときはたいしてうるところはなかった。

それからふたたびこの問題に立ち向かうようになってから、私は次のようなことに気づいた。それは、世の中のどんな問題にでもいえることだが、このアリという対象について、すべてを知っているように思いこんでいても、実はほとんど何も知らず、少しばかりわかってくると、今度は知らないことのあまりの多さに驚嘆してしまうということである。

アリという問題に立ち会い、それを記述することは、とくに困難であるように思われる。ミツバチ社会やシロアリ社会なら一つのブロックを形成しているので、ざっと概観することも可能である。そこには典型的なミツバチ社会、典型的なシロアリ社会というものが存在する。これに対して、アリにはその種類の数だけさまざまなアリ社会があり、種類が異なるだけ生態がちがっているのだ。何を対象にしてよいかわからなくなるし、どこから手を着ければよいかわからない。素材が豊富すぎ多様すぎて、たえず細分化してゆくので、興味の中心があらゆる方向に迷い込み拡散してしまう。統一は不可能で、中心が存在しない。一家族や一都市の歴史なら書くこともできようが、相手にしなければならないのは、異なった数百もの民族の編年史、というよりはむしろその日記を書くようなものなのだ。

そのうえ、第一歩目からアリに関する文献の泥沼にも足を取られかねない。アリについての文献は、ワシントンの昆虫学研究所の二万以上のカードに記録されているミツバチ学の文献の数に匹敵する。ホイーラーが『蟻』という書物の巻末に挙げた参考文献だけでも本書の大半のページ数を占めてしまうだろう。それでも、まだ全部というわけではなく、そこには最近二〇年間の出版物は記録されていないのである。

こんな具合だから、範囲を限定し、まず先達の導きに従うよりほかはない。アリストテレスやプリニウス、アルドロヴァンディ、スワンメルダム、リンネ、ウィリアム・グールド、ド・ゲイア等の先駆者はさておいて、まず真の蟻類《ぎるい》学の父である人物の前に足を止めることにしよう。それはルネ・アントワーヌ・フェルショー・ド・レオミュールである。

彼は蟻類学の父である。しかし、その子孫には知られていない父なのだ。彼の『蟻物語』の草稿は晩年の原稿とともに埋もれてしまい、一八六〇年にフルランスが発見して初めて著名になったがそれっきりまったく忘れさられていた。アメリカの偉大な蟻類学者W・M・ホイーラーが一九二五年に再発見し、翌年、注釈と英訳つきのフランス語版を出版した。この本は前世紀の昆虫学には何の影響もおよぼさなかったものの、いまも気持よく読めて実り多いという点で、なお注目に値するものである。ルイ一四世の没年に三二歳であったレオミュールは、古き良き時代の言葉でこの本を綴っている。またこの本の中には、ごく最近の成果だと信じられているいくつかの観察の萌芽が、いや、しばしば萌芽以上のほぼ完全といっていい見解がちりばめられている。未完であり、百ページにも満たないこの小論が、今日の蟻類学を刷新するにとどまらず創始しているのである。

彼のこの著作は、ソロモン王や聖ヒエロムスや、中世以来、アリ社会にまとわりついてきた多くの伝説や臆説を打破することから始まっている。「プードリエ」(インキ吸取白粉入れ)と呼ばれる容器にアリを入れて観察するという着想を他に先んじて考え出したのも彼である。この「プードリエ」とは、彼の定義によれば骨董好きの書斎でよくみかけるプードリエに似た「口径が底の直径と同じガラス容器」であり、のちに昆虫学に多大な貢献をすることになる人工巣の先駆である。すでに経験的にわかっていたことではあるが、彼はアリが湿った土の中で一年近くも食料なしで生きることができるという事実を実証した。さらに彼は結婚飛行の重要性と意味を理解していたし、なぜ雌が翅を持っているのか、そしてなぜ結婚直後にその翅を失うのかを最初に説明したのも彼であった。それまでは、厳粛に死ぬことができるように、一種の慰めとして、雌には年老いてから初めて翅が生えると信じられていた。レオミュールはまたグールドに先んじて、受胎した女王アリが群(コロニー)を建設する方法にも注目した。産卵の模様を観察・研究し、卵の成長過程における謎を解く鍵となる内向滲透にも着眼した。また、幼虫がどのようにして自らを包む繭を作りはじめるのかを記述し、「互いに粘着した糸の織物でできているその繭は、あまりに緊密なので、これが織りあげられたものであることを知らなければ、一枚の膜と思いちがえるほどである」と指摘している。さらに、後述する反吐作用がアリ社会の根本的な行為であることも見落とさなかった。彼は生命活動の最初の兆候である屈光性さえも直観している。ただし、いくつかのちょっとした誤謬のほかに、レオミュールもただ一つ大きな誤りを犯していた。それはアリとシロアリを混同していることだ。けれども、この混同は当時としてはほとんど避け難いことだった。両者の区別が決定的に確立されたのは一九世紀末のことなのである。

III

記述を簡略化し、ただちに現代の蟻類学に踏み入るために、残念ではあるが中間に登場する昆虫学者たちを省略しなければならない。たとえば、変態を研究したレイヴェンフーク、最初に分類を試みたラトレーユ、アリの家畜であるアリマキの単性生殖を発見した偉大な博物学者にして哲学者のシャルル・ボネなどがいたのだが、割愛して先を急ごう。

まず、ミツバチの秘密を解明したフランソワ・ユベールの息子であるピエール・ユベールに敬意を表すことにする。この父子はジュネーブ市民である。その同郷人オーギュスト・フォレル――ヴァスマン、ホイーラー、エメリーなどと並ぶ現代の大蟻類学者であるから、彼自身もここに登場する資格があるが――は「一八一〇年に出版されたピエール・ユベールの『土着アリ(*Fourmi indigènes*)の生態に関する探求』は蟻類学のバイブルである」と断言している。これは決して誇張ではない。しいて言うなら、ユベールの魅力的で膨大な著作の内容はごく一部が古くなっただけである。ひとたびこの研究が発表されると、大変な反響を呼び起こし、猛烈な非難の声もあがった。だが、当時は「灰黒アリ」(*les Noires cendrées*)「坑夫アリ」(*les Mineuses*)「アマツォーネアリ」(*les Amazones*)と親しみやすい名で呼ばれ、後にそれぞれプラテンシス(*les Pratensis*)ルフィバルビス(*les Rufibarbis*)、ポリエルグス・ルフェスケンス(*les Polyergus Rufescens*)と学名がつけられるようになった。これらアリの種族に関するユベールの精緻で、父親におとらない熱心な観察は、一世紀以上の試練に耐えて、何一つ欠陥を指摘されることもなかった。そのうえ、彼は昆虫学の基本法則となった次のような原則から出発し、決してそこを踏みはずすことがなかった。

「私は、自然の驚異に魅せられれば魅せられるほど、想像力の生み出す夢想と自然の驚異を取りちがえないように努めた」

フォレルのいうように『土着アリの生態に関する探求』がバイブルだとすれば、フォレルの『スイスのアリ』は蟻類学大全であろう。とくに一九二〇年に出版された第二版は、まさしくアリに関する百科事典となっており、何ひとつ見落されていない。しかし、長所はまた欠点でもある。あまりにも内容の密度がありすぎて、「木を見て森を見ず」ということになりかねないからだ。これでは迷子になるおそれがある。それでも、彼の観察の正確さ、広大で誠実な考証学的研究は何ものにも比較できないほどだ。アリについて何かを語れば、その三分の一は彼の業績に負っていることになる。もっとも、彼のほうも業績の三分の二を他の専門家に負っていることも事実である。人類の歴史よりも長い歴史をもつ生命を対象とする科学は、このようにして進歩する。あるいはこのようにして歴史学が発展していくといった方がよいかもしれない。というのは蟻類学とは結局、特殊な未開の一民族の歴史をあつかうものにほかならないからである。あらゆる歴史学がそうであるように、繰り返し把握しなおし、要点をしぼっていかねばならない。一〇人の人間が代々その生涯を捧げつくしたとしても、今日われわれが手にしている観察の成果を集約するには不十分である。ここまでくるのに、二世紀近くにわたる研究努力を必要としているのだ。重要なのは、表面上は無関係にみえる支離滅裂にみえるこの数えきれないほどの微細な事実から、一つの意味、一つの普遍的観念を導き出すことなのだが、口で言うほどたやすくできる仕事ではない。

フォレルの次にはヴァスマンがいる。このジェスイット派のドイツ人の名は、蟻類学の各ページに登場する。彼は奴隷制度をもつアリの種族にとくに熱心にとりくみ、三〇年間アリ社会の寄生の研究に身を捧げたが、のちにふれるようにこれは実に驚くべき研究である。ヴァスマンは見習うべき忍耐と明敏さをそなえた優れた観察者だ。

彼の著作や小冊子、雑誌に寄稿した論文などのリストだけでも本書の一二ページ分は費してしまうだろう。だが惜しむらくは、説明が困難になると、神学者あるいは懐疑論者としてのヴァスマンが科学者ヴァスマンに安易にかさなってしまい（どう考えてもイエズス会の解釈による）神を讃えたり、弁護したりしがちになることである。

ウィリアムとともにハーバード大学の昆虫学教授であるモートン・ホイーラーの場合にも純粋に客観的な科学に、他の要素が入りこむことがあるが、それが神学ではなく人間的な思索であるため、かえって純粋科学をいきいきとしたものにしている。実際、ホイーラーは単にフォレルやヴァスマンと同様の綿密で多産な観察家であるばかりではなく、さらに深遠な洞察力をそなえた精神の持ち主だった。彼には同じ観察から出発しながら、彼の同僚たちよりも幅の広い考察と普遍的な観念を導きだす力があった。

技師のシャルル・ジャネにも言及しておこう。その無数の調査研究、学会での発表、専門論文などは、簡明かつ正確で非のうちどころがなく、以後の手本となった解剖図がそえられている。ジャネの仕事は、他の分野の学問とともに蟻類学にも五〇年以上にわたって寄与しつづけてきた。ジャネは、死後に初めてその真価が認められる巨匠の一人だろう。

イタリアのC・エメリーも忘れることはできない。彼は分類学という報われることの少ない無味乾燥な、しかしぜひとも必要な仕事に専念した。アリの大部分を網羅した学術的で詳細な特徴記載、いわばアリの索引を確立して、間違いなくアリの種類を識別できるようにした。もっとも旅券のポートレートと同じくらい頼りないこれらの記載は、いずれ質のよい拡大カラー写真にとってかわられるだろう。彼以外にも、とくにボンドロワと、エルネスト・アンドレの二人が分類学を推進している。エルネスト・アンドレは、現在入手可能な唯一のかなりわかりやすい解説書の著者でもある。

ただ残念なことに、この本の内容は古くなっている。なにしろ半世紀近く前のものでフォレルの『スイスのアリ』の初版がでて、ヴァスマンやホイーラーがその研究を始めた頃の本なのである。だから彼はキノコ栽培アリ（*les fourmis champignonnistes*）を知らなかった。当時このアリは、葉切りアリ（*les Coupeuses de feuilles*）と呼ばれ、もっぱら巣の通路に敷くために葉を切りとるのだと信じられていた。エメリーはまた、あの驚異の紡績アリ（*les fourmis á navettes*）を知らないし、訪問アリ（*les Dory lines Visiteuses*）に関する最新の観察、嗅覚や方向感覚についてのとても興味深い実験、コロニー建設の悲劇的な方法などについても知らなかった。そして控え目であるとはいえ、彼はあまりにも安易に、わが国の発掘膜翅類（*les hyménoptères fouisseurs*）の墓場、死者に対する彼らの礼拝、葬列、最高級の埋葬、永代墓地について感傷的な空想を抱きすぎていたように思える。実際には、アリたちはできるだけ早く始末しようとして屍骸を巣の外に運び出すにすぎず、おそらくシロアリのような屍骸を消化する力をもたないために、それを食べないことを心得ているだけなのである。

IV

さて、蟻類学に貢献した人々の紹介はこれくらいにしておこう。いまあげた以外の人々も後に続くページに順にでてくるし、巻末の参考文献――煩瑣をさけるために、やむをえずきりつめたが、必須文献はすべておさめてある——にもまとめておいた。

ほかにもっと有益な仕事をすることもできたかもしれないのに、才能のある何百人もの人々が、多くの時間を費してこんなにも小さな生き物の生活を明らかにするために、ささやかな秘密に分け入ろうと、よくもまあ苦労してきたものだと思われる方もあるだろう。

しかし、生命の神秘に大小はない。すべてが同じレベルにあり、同じ高さをもっている。広大な夜空を仰いでいる天文学者も、小さなアリを相手にしている昆虫学者も、ともに同じ主題を同じ理由で追求しているのである。

諸科学にヒエラルキーはない。蟻類学はその一つであり、しかも対象が遠すぎるために悲劇的で絶望的な難題を抱えている多くの他の科学よりも、はるかに近づきやすい学問である。見方によってはとるにたりないアリの巣こそ、われわれ人間の運命の縮図であり、太陽の何千倍も大きな数百万の天体がひしめく銀河系外星雲の途方もない球状団塊よりも、ずっと興味深いものなのだ。地上においても天界においても、自然の奥深く秘められた意思に変わるところはない。その秘密の一端を解明するには、アリの巣の方が、より早くより有効な手がかりを与えてくれるだろう。

われわれが発展段階の異なる人間以外の生命に興味をよせるのは、適切で必要なことである。そのためには、われわれ人類がやって来る以前に、何千年、何万年をこの地上で過ごしてきたであろう前-人類の種族の歴史が問題であることを想起しておきたい。そのような種族がいなかったというなんの証拠もないし、われわれが旅立ったあと、何千年、何万年をへて、後-人類が出現しないという保証もない。悠久の時の流れにあっては、過去と未来の別はないのだから。

1 章

アリ社会の部分と全体

誰が統治し、調和するのか一向に理解することはできないが、
有機的生活こそ存在の根本である。

とりあえず、できるだけ簡単に、記憶しておくべき基本的概念を要約しておこう。アリは膜翅目有剣類に属す昆虫であり、土を掘り社会生活を営む。今日までに約六千種が発見されていて、それぞれが独自の性質および習慣を持っている。これは通説に従った分類である。もっと型にはまらない分類法に従えば、この数はおそらく倍加するだろう。しかしわれわれは属・亜属・種・類・変種・科・族・亜族といったような昆虫分類の密林に踏み入ることはやめておこう。ここへ踏みこもうものなら、きりがないし、しかも何の興味もないからだ。そこで、われわれはホイーラーに従って次の八つの基本的な種族に分類しておくだけで十分であろう。すなわち、サスライアリ亜科(*Dorylinae*)、クビレハリアリ亜科(*Cerapacyinae*)、ハリアリ亜科(*Ponerinae*)、ムカシアリ亜科(*Leptanillinae*)、ナガフシアリ亜科(*Pseudomyrminae*)、フタフシアリ亜科(*Myrmicinae*)、ルリアリ亜科(*Dolichoderinae*)、ヤマアリ亜科(*Formicinae*)。このうち全地球をすみかとしているのはフタフシアリ亜科とヤマアリ亜科の二つだけで、その他はすべて熱帯か亜熱帯に棲む。そしてハリアリ亜科がこれらの共通の先祖であると思われる。

さらにいえば、これらの分類も、もっと複雑なフォレルやエメリーの分類と同様に、蟻類学の専門家以外にはあまり用のないことであろう。

アリとシロアリはすぐれて社会的な昆虫である。ミツバチは通常信じられているとは反対に例外的にしか社会生活を営まない。実際のところ、一万種のミツバチのうち、五百種だけが社会生活を営む。これに反して、単独生活をしているアリやシロアリは一つも発見されないのだ。

熱帯圏にのみとどまっているシロアリとは反対に、アリは北極や高山を除いて、地球上の棲息可能なあらゆる地域に残らず侵入してきた。地質学上から見れば、アリはシロアリよりも後に発生したようである。シロアリの祖先は中生代の白亜紀に属し、当時なお単独生活をしていた動物であるゴキブリの仲間プロトブラトイデ(*Protoblattoidés*)であり、これはおそらく古生代末期の上層部にあたる二畳紀に棲息していたはずである。

II

アリは第三紀の沈澱物中にもっとも豊富に、その最古の痕跡が発見される昆虫である。ただし数はきわめて少ない。これに対して、漸新世や中新世のアリの数はおびただしい。バルト海の琥珀層で採集された一一、七一二の標本がこの紀に属することが証明された。同じように中新世半ばのシシリーの琥珀層からは数百の標本が発見されている。ところがここで不可解な事態が生じた。というのは、予想に反して最古のアリといえども、琥珀中で見つかるアリより原始的というわけではなく、琥珀のアリも数百万年の歳月の流れにもかかわらず、現在のアリと同じくらい分化し、進化しているのである。「これらのアリのうちあるものは」とホイーラーは続けて――「すでにアリマキを訪問することを知っていた。つまり〝食的共生〟をしていたのである。この事実はケーニヒスベルクで蒐集された琥珀塊中にアリマキと運命を共にしている数匹のルリアリ亜科の一種（*Iridomyrmex goepperii*）のハタラキアリが混ざっていて、その被保護者である多数のアリマキが含まれていることからも明らかである。琥珀のアリは巣の中にいたこともおそらく間違いないだろう。なぜなら、クレブズによる琥珀中の鞘翅類のリストには、三種類のヒゲナガオサムシ（*Paussidae*）が記されているからである。ところでこのパウシデはクラヴィゲル（*Claviger*s）と並んで、アリにとってはもっとも危険な寄生者であり、これが棲みついた巣のハタラキアリ（*les ouvrières des nids*）をエーテル中毒者のようにしてしまうのである。

ところで、家畜の飼育および寄生者、とくに贅沢な鞘翅類の扶養は、後で述べるように、アリの文明の絶頂点を示している。しかし、そこからいったいどんな結論が導かれるだろうか。それはまったく奇妙な数々のことがらである。たとえば、進化というのはきわめて曖昧で、ほとんど証明されないから、これを肯定するのは困難である。また進化とはひとつの幻想にすぎず、そしてあらゆる種類の生物はそれぞれ異なった発展段階の文明をもっていて、同時に発生したのであり、聖書に語られたように、同じ日に創造された。その結果、伝承の方がむしろ科学よりも真理に近いということになる。ついでに指摘しておくと、旧世界でも新世界でも全地上で出逢うアリやシロアリの普遍的分布は、文明はすべて北方から下ると伝えている聖書以前から存在する他の伝承にわれわれを近づけ、われわれの意識に全大陸を連結している赤道と同じように熱い南方への橋を教える。

しかし、それほどの危険な推論にいたらなくとも、きわめて論理的に、その最古の化石標本よりもずっと古い時代から存在していたと主張することができる。あるいは、もっと古く、数億年、数十億年という戦慄を覚えるほどの時間の流れを、前亜紀まで、また高温と乾燥を特色とする二畳紀にまで遡る必要があるかもしれない。しかし遺憾ながら中生代以前の化石は存在しない。

さらにいえば、次のような主張も可能であるかもしれない。すべての進化はわれわれの想像以上にさらに数千倍も遅く、そのため仮に目的をもちえるものがあるとしても、その目的に達する前に、おそらくわが地球の方が消滅してしまうであろう、と。

しかしながら、ホイーラーをはじめとする幾人かの昆虫学者に従えば、明らかに進化の跡が認められる。彼らによれば、環境の変化に促されて、アリはその原初の生活形態である穴居《けっきょ》生活から樹上生活へ移行した。また食性については、他の昆虫を捕え、その肉のみを食べて生活した昆虫食性から、アリマキ飼育性、すなわち牧畜へ、ついでキノコ栽培性、すなわち農業および菜食性へ移った。この進化は、もとより反駁の余地がないほどに確立されているわけではなく、またその諸段階は今日ではともに存在しているのだが、不思議にも狩猟・牧畜・農業とつづく人類の進化に似ている。それはまた、オーギュスト・コントの認めた人類史の三段階、すなわち征服、防禦、生産に対応させることもできよう。たしかに、ここには奇妙な符合がある。

III

アリ社会の人員構成は次のようになっている。まず女王アリ——産卵を行なう雌で、約一二年間生きる。次に無数のハタラキアリ。これには、雌雄の区別がない。ミツバチの場合のように酷使はされないが、三〜四年の寿命である。そして数百匹の雄アリ。彼らは五〜六週間で死んでしまう。昆虫の世界においては、雄は犠牲になるのが常である。

（性別のないハタラキアリを除いた）雌と雄だけが翅を持ち、しかも結婚飛行の後はもぎ取られてしまうミツバチやシロアリにあっては、女王はただひとりであるのに、アリ社会では、アリ共和国の運命を司る秘密会議が必要であると思われるほど多数の産卵者がいる。小さいアリ塚には二匹または三匹の、大きい巣になると約一五匹の女王アリがいる。幾つかの巣が連合したアリ塚の場合には、その数は決まっていない。

ここで、われわれはミツバチ社会およびシロアリ社会におけると同じ重要問題にぶつかる。都市に君臨し、これを統治するのは誰か。いったいどこに、頭脳あるいは精神が隠れていて、これほどに絶対に物議をかもすことのない秩序を築くのか。アリの共同行動、その秩序はミツバチやシロアリの社会と同じように立派に保たれている。まただいたいにおいて、アリの生活はミツバチとシロアリに較べて、一層複雑であって、予期せぬ出来事と冒険に満ちているのだから、その秩序維持はさらに困難であるにちがいない。いままでのところでは、この問題に対するもっともらしい説明は、私が『白蟻の生活』の中で提言したもの以外にないようだ。

すなわちアリ塚はただ一つの個体と考えるべきであろう。そしてこの個体を構成している各細胞は、われわれの身体を構成している約六〇兆の細胞のように一塊の密集ではなく、分離し、散乱し、固形化され、その一つ一つは独立した外観を呈しているが、いずれも中心となっている同一の法則に服従しているのである。ここには、現在のわれわれには漠然としか理解されていない電磁気やエーテル、あるいは心霊といった作用の回路が、いずれ発見されるだろうと予期させる光景がある。

IV

さらに詳細に検討してみれば、われわれの六〇兆の細胞も、われわれの体内に閉じこめられてはいるが、実は巣の外に散乱している数千のミツバチやシロアリやアリと同じくらい散らばっているのである。われわれの各細胞の距離はその大きさに、もしくは少なくともその真髄を組成している電子《エレクトロン》の大きさに比例する。その距離は宇宙における天体間の距離とかわらないくらい大きい。無限少は無限大に匹敵するのだ。ホイーラーが正しくも指摘しているように「人間の身体を、電子同士が接触するほどに圧縮することができれば、人体は数ミリメートル立方を越えない容積となるであろう。この圧縮あるいは濃縮は不可能ではない。なぜなら、自然は〝白色矮星〟と呼ばれる星、とくにシリウス星のあの神秘的な衛星においてこの圧縮を実現した。ここでは、かりに水が液体状態を保てるならば、一リットルの水は五万キログラムの重量となる」

こうして、先ほどの細胞のたとえが当っているなら、後述する次のような事実も容易に説明できるだろう。いくつもの巣が連合した巨大なコロニーにおいても、ハタラキアリは驚くべき正確さをもって、巣に必要な産卵雌の数を知る。あるいは、むしろ「感じる」という理由がきわめて容易に説明できる。われわれが渇きや空腹感をもつとき、われわれの身体の細胞連合には一つの類似した現象が起こる。集合的な空腹や渇きが支配する。われわれのすべての細胞は同時にそれを感じ、外界に働きかける細胞に命じて、全体的飢渇をいやすのに必要な手段を講じさせる。そして、これらの細胞が満足すると、ふたたび命令がくだされて、その作業を中止させる。

この対比にはすこしの無理もない。われわれは一個の集団的存在、社会的細胞のコロニーにすぎない。しかし、われわれの存在の基礎である有機的生活の複雑きわまりない活動を、いったい誰が命令し、統治し、整え、調和するのか、われわれはまったく知らない。有機的生活こそ、存在の根本であり、意識的、知的生活のごときは、後になってつけ加えられた、とるにたらない束の間の現象にすぎない。われわれは、われわれの眼に一見明白に思われるような、われわれ自身の秘密を見ようともせず、理解してもいない。それなのに、どうしてわれわれが、社会的昆虫のコロニーに潜む類似の大秘密を見抜くことができるだろうか。

V

まず第一に、アリ社会の運命を率いる集合的であって一糸乱れぬ生活があることは確からしい。ただし、この極端な全体的運動の中にも、それを補助し、その盛衰にさえ影響を与えるいくつかの個人的活動が現われる。われわれの歴史と同じように、そこには必然的な、ある自由な存在が見られる。そのことを理解するには、彼らの労働を観察すれば充分であろう。ここではユベールの記述を借りることにしよう。この点に関して彼に優る者はいない。そして以降もしばしば彼の描写に立ち戻らなければならない。

「蟻の精神に一つの思想が生じて、それが彼らの行動によって実現されるように思われるのは、とりわけアリが何らかの事業を始めるときである。たとえば、一匹のアリが互いに交差する二束の草を発見して、その草が部屋を作るのに役立ちそうなとき、部屋の桁構を形成する小さな梁として利用できそうなとき、そのアリは草全体の各部分を検査し、ついできわめて敏速に、きわめて巧みに少量の土を幹にそって隙に置く。彼に都合のよい材料を各方面から物色し、しばしば他のアリがとりかかっていた工作物からも、おかまいなしに材料を奪ってくることさえある。それほど彼は自分の目論みの遂行に、わき目もふらず取りくむのである。そうやって、ついに他のアリに気づかれるまで彼の往復は止むことがない」

「アリの巣の別の場所では、数個の藁の小片がころがっていて、家の骨組に好適とおぼしきものがある。一匹のハタラキアリが、それを利用することを思いついた。わずかな空間に水平に散らばっているその破片を、互いに交差させると、細長い平行四辺形ができる。思いつきがよく、勤勉なアリは、まずこの骨組みの隅と、それを形成している梁に沿って少量の土を置く。次にこのハタラキアリはこれらの材料を互いに並べていくつかの仕切りを築く。その結果、家ははっきりと家らしい形を整えてくる。そのときハタラキアリは、垂直壁を支えるために他の草を利用できることに気づいて、それをも家の土台に置く。そのとき、通りがかった他のアリは、最初の一匹が始めた作業を共同して完成に努める」

VI

われわれはアリが一片の草を運んだり、細かく切って狭い巣へ運びこんだり、水たまりを渡ったりする光景をいくらも観察した。このような光景は、あらゆる場合、少なくともわれわれが感知しうる限りにおいて、頻繁に繰り返される。まだわれわれの目にふれない場合の方がはるかに多いことはいうまでもない。一つの着想は、それが良いと思われるときだけ採用される。予め腹案などあるわけでも、自然発生的な協力があるわけでもなく、あたかも現場における事業に直面して、その場で判断し、評価する。それは家の全体的設計の概略しか知らずに家屋の建設にかかる人間と同じようなものである。

アリ社会の運命にかかわる決定、とくに巣の放棄および移住の場合、とりわけ混合アリ塚、つまり主人と奴隷とからなる巣、あるいはまた、知能や習慣をまったく異にする二つの種族の協力になる巣において、そこでなされる決定を見たなら一層関心を深めるだろう。たとえば、アマツォーネアリの召使いであるグレバリアが、家が狭すぎると気づく。というのは、彼女たちに世話をしてもらい、食事を与えられている主人は、戦争に出るとき以外は何ごとにも無頓着なので、召使いたちの方が手狭の不便に対して敏感なのである。そこでこの召使い兼主婦のアリの一匹が、探険をかさねた結果、近所に大きな空巣を発見し、それが自分たちの巣よりも快適であるか、あるいは良い場所に位置していると判断すると、そのアリは仲間の二〜三匹のアリにそのことを触角で伝え、彼女らを好ましい方の巣にほとんど強制的に誘ってきて、その利点を告げる。彼女たちが納得すると今度は彼女たちがすすんで賛成者を募る。こうしてたちまち少数ではあるが、新しがりやの活動的な少数者によって移住が決定されるのだ。まず、主人である戦士を移住させることが問題になる。相談するのであろうか？　どうもそうではないらしい。いずれにせよ、奴隷は各々一匹の主人をかかえて、新しい住居につれて行き入口に置く。そこで主人は別の奴隷に迎えられ、地下室に導かれる。その後で卵や幼虫やサナギの忙しい移動が始まる。

ときにはコロニーの一部が移転を拒否することもあって、無理にひっぱられてゆくことがある。また、移住者の中にも、もとの巣が棄てがたく、群をなして戻ることさえある。

これらの事実は決して想像を加えたり、擬人化されたものではない。それは何度となく実証されたことであり、労を惜しまない人なら実地に検査してみるとよい。これは蟻社会の神秘的な共同、あるいは先天的な了解にも、ある程度の制限があることを示している。彼らの一致共同がもっともよく現われるのは、仕事の分配、彼らの繁栄に必要な雄と雌の数の見積り、およびその他の主要な場合である。しかしこの了解は果たして無意識に、純粋に本能的になされるものであろうか。われわれは何もわかっていないことを正直に白状する以外にない。われわれはアリの評議に出席しているわけでもなく、アリ塚の奥で起ることについてほとんど何も知らないのだから。解釈と理解はかならずしも合致しない。せいぜい言えることは、われわれと同じくアリも運命に支配される本能と、この運命の直線に歪みを与えうる知能とのあいだを漂っているらしいということである。しかし知能がこの世に現われるや、危険に目覚め、本能が知らなかった困難がもちあがる。その代わり、知能は本能では避けえなかった困難を遠ざける。アリは人類と同じ方向に進んで来た。それゆえアリは人類の危険と誤解を知っているのである。アリはわれわれと同様に未知の運命に支配されている。しかしまた、われわれと同じように限られた狭い圏内で活動することができる。この内部活動は果たして圏外の流れを変えてきたのであろうか。この点に関して何かを知るためには、その前にあまりにも多くのことを知らなければならない。

VII

蟻社会の共同形態、これに基づく統治形態にいったいどのような名を与えるべきなのだろうか。人類の政治形態に例えるならどれが、もっとも近いものとして適用できるのだろうか。単なる反射的な共和国にすぎないのか。しかしそのような共和国なら滅亡へ向う以外に道はないはずである。あるいは、最近いわれているように「組織された無政府」、もしくは「共同集団」とかなのであろうか。

いったいこれらのことばの意義を誰が教えてくれるのか。縁のうすい神権政治や君主政治を除外すると、残るのは民主政治、寡頭政治、あるいはいかにももっともらしい貴族政治、長老政治である。

アリが仕事をしているところを見ると、いつも彼らの中のもっとも熟達した労働者の仕事ぶりを真似て働いている。このようなリーダーを他のアリと区別させるものは何もない。制服も着ていなければ、羽毛の帽子もかぶっていない。しかし、他の仲間たちは彼らを認め、喜んで彼らのいうことを聞くのは疑うべくもないことである。彼らは経験に富んだ老練家なのだろうか、それとも天分に恵まれた若い指導者なのだろうか。彼らの命令はむしろ相談であって、彼らはしばしば理由を表明し、利点を説明しなければならない。そうやって説得が権威に打ち勝つ。一般的に本能といい表わしている揺るぎない基盤の上に、叡智の一時的な支配があるといってもよかろう。アリ塚にあっては、これらすべてが一致と愛の徴をもとに行なわれることを忘れてはなるまい。しかもこの愛は、われわれ人間にはおよびもつかない純潔な、誰のものでもない愛であって、そのことがこのアリの帝国をすばらしく強大にしているのである。

これはすでにユベールが予感していたことである。「このように共和国の称讃すべき調和の大いなる神秘は、人が思っているような複雑なメカニズムをもつものではなく、アリたちの相互愛にあるのだ」と彼はのべている。そして後述するように、この相互愛はまったく特殊の器官から生まれ、その機能がアリ社会のあらゆる心理、あらゆる倫理を統括するのである。

ユベールの指摘につけ加えて、エスピナスは次のようなきわめて正確な意見を述べている。「私はむしろ、この神秘は幼虫に対する共通の愛情の方にあると思う。そしてもうひとつ、(目的だけではなく方法も示す必要があるから)膜翅類の各個体が持つわずかの知性が、模倣と集積の法則によって増大することにも神秘があると考えている」

実際、人間集団で見られることとは反対に社会的昆虫においては、集団的、累積的知能はこの社会を構成する細胞の数に正比例するようである。なぜなら、密集度の高い種や集団ほど、だいたいにおいて、もっとも計画を凝らし、もっとも工夫に富み、文明化されているからである。

いずれにせよ、ユベールの「相互愛」やエスピナスの「幼虫に対する共通の愛情」はきわめて真理に近いと思われる。ここにはわれわれのかつてまったく知らない理想の共和国、母の共和国がある。処女ではあるが、彼女たちは生みの母以上にさらに深い、さらに熱い母性愛に燃えているのである。自然界のどこを捜しても、これ以上立派な母性愛は見つからないだろう。なるほど牝鶏はいかなる敵からもヒナを護りはするが、まだ卵を愛するにはいたっていない。繭を守護するハタラキアリの腹をもぎとり、もしあなたに残忍な勇気があるなら、攻撃の手をゆるめず、さらに後脚を二本切り取ってごらんなさい。ハタラキアリは残った四本の脚で幼児を引きずりながら——その生命力は、その愛情に劣らず驚異であるから——彼女の道を進み、繭を離さず、将来を担う幼虫やサナギを安全な場所に移すまで死のうとはしない。

この英雄的母権制においては、まるで全体と一心同体であるかのように、各自があたかも全体を担っているように執拗にその義務を果たすのである。意識と幸福の重心はわれわれとはちがってリーダーである個人にあるのではなく、いたるところにある。活動するひとつの細胞のように、個人がその部分を担う全体のなかで活動するのである。その結果、人間が実現しうるいかなる政府よりもアリの政府は優れている。

2 章

アリ塚の神秘

アリは打算なしに与え、何ものをも自分の体内にあるものでさえ所有しない。
彼らには食欲もない。

その起源をはるか有史以前にさかのぼるイソップ寓話から、ジャン・ド・ラ・フォンテーヌの物語にいたるまで、アリはもっとも誹謗を受けてきた昆虫である。なぜかきらびやかな数々の美徳で飾りたてられているセミとは反対に、アリは異様な強欲、嫉妬深い吝嗇、器量が狭く、悪意に満ちた鼻つまみものの欲深さの象徴とされてきた。翅で身を飾りたてたほまれ高い大芸術家のかたわらで、アリはプチブルジョワ、小金利生活者、小役人、衛生設備もない小都市の路地裏にある小商人を代表していた。アリに似ている者ほど、アリを深く軽蔑していた。アリの復権と正当な評価のためには、偉大な蟻類学者らの研究を待たなければならなかった。そしてその嚆矢は例のジャン・ピエール・ユベールである。

今日では、アリがこの地球上でもっとも高貴で慈悲深い、寛容で献身的かつ愛他的な存在であることは、疑いの余地もなく証明されている。ただし、それがアリの功績となるわけではない。この遊星上でもっとも知的な諸現象がわれわれ人類の功績によるものである、と主張する正当な権利がないのと同じである。人類が有するこの利点は、自然から付与され、おそろしく進化した器官によるものである。同様に、アリも自然の気紛れ、創意、経験、あるいは奇想によって特別に与えられた異種器官のおかげで、前述した美徳を保っているにすぎないのである。

実際、アリは下腹の入口に、社会袋とでも名づけるべき独特な袋を持っている。この袋がアリのあらゆる心理、道徳のすべてと運命の大半を説明してくれる。それゆえ話を進める前に、この袋を入念に研究しておく必要がある。この袋は胃袋ではない。消化腺などは一つもなく、そのまま食物が手をつけられずに貯えられている。彼らは、突き刺したり、餌や敵を捕えたり、はさみ切り、寸断し、断頭し、苦悶させるための鋭い大顎を持っているが、噛みくだくための歯を備えていないため、食物はほとんどが液体、つまり一種の甘露である。問題の袋は共同体専用の革袋なのである。この革袋と個体専用の胃袋とは巧みに区分されており、革袋に保蔵されている食物は数日たってから、すなわち全体に飢えが広がってから個体の胃袋に達する。この革袋は驚くほどの弾力性に富み、下腹部の五分の四を占め、他の器官を圧している。アメリカ産の数種、とくにミツボアリの一種(*Myrmècocytus Hortus-Deorum*)にあっては、この革袋が異常に膨張している。それは通常の腹の八倍ないし十倍ものビン状にまで大きくなる。このアリビンは、都市の生ける貯蔵庫としての機能しか果たさない。彼らは、もはや二度と陽の目を見ることのない志願囚である。巣の天井に前足でしがみつき、ぴったりと列を作ってぶらさがり、整然とした酒蔵のような外観を呈している。他のアリはここへ来て、外で採集した蜜を吐き出したり、または反対に蜜の反吐を求めてやって来たりする。

この語「反吐(*la règurgitation*)」は消化不良や牛の反芻などの不快感を連想させるが、それとはまったく趣を異にするものであり、蟻類学者にとって大切な術語である。いささか濫用されているきらいはあるが、この語、反吐こそは不可欠な基本的行為であり、アリの社会生活、美徳、道徳、政治はすべて、ここから生じている。それは、地球上の全存在とわれわれとを分ける一因が脳髄によるのと同様である。

II

「アリは機嫌よく貸し与えない」とある童話作家は言っている。なるほどアリは貸すことをしない。なぜなら貸すとは貪欲な行為にほかならないからである。アリは打算なしに与え、決してその返還を要求しない。彼らは何ものをも自分の体内にあるものでさえも、所有しない。彼らにはほとんど食欲もない。

彼らは何かわからぬもの、空気かまたは散乱する電気、あるいは蒸気で生活している。ためしに石膏で作った人工巣に入れて数週間絶食させても、わずかの湿気さえ保っておくように注意すればアリは何ら苦しむことなく、食糧庫が満杯であるときのように、元気よく、こまめに働くのである。一滴の露さえあればアリの特殊な胃袋は満たされる。生命の危険をもかえりみず、アリが絶えず求め集めたものはすべて、共同の胃袋、社会袋の運命をたどり、卵に、幼虫に、サナギに、仲間に、あるいは敵にさえ与えられる。アリは慈善機関そのものである。禁欲な、貞節な、純潔な、中性的な、辛抱強い労働者であるアリはその労苦の成果を残らず、これを欲しがる者に提供すること以外に快楽を知らない。われわれが佳肴美酒を賞味するのと同じように、反吐は彼らにとって甘美きわまりない行為であるにちがいない。アリには禁じられている恋の快楽と似た快楽が、自然によって加えられていると見て間違いないだろう。オーギュスト・フォレルが指摘したように、アリは反吐するとき触角を後方に引いて、忘我の状態を示す。これは明らかに蜜に飽満するよりも多くの快楽を味わっているらしい。しかも、アリ塚においては反吐は日常的作業であり、労働、子孫の世話、睡眠、そして戦争の場合をのぞいて中断されることはない。

彼らの社会袋が蜜で破れんばかりに膨れたときには、直接、個人的な胃袋の方へその一滴が流れこむようになっているのだろうか。

さらに、ある種の戦争屋、とくにアカサムライアリ(*Polyergus Rufescens*)、すなわちユベールの、いわゆるアマツォーネアリは、反吐奴隷の助けなしには栄養を摂取することができず、蜜の池の中で飢え死にすることとさえあるのだ。

アリにとって、口移しでたえずつづけられるこの栄養授受が、ごくふつうの一般的な給養形態なのである。そのことを確めるためには、数滴のハチミツを青く染め、半透明の体をした黄色い一匹の小アリに与える。すると、すぐに腹が丸く膨れ、青色をおびるのがわかる。重くなった腹をかかえてアリは巣に帰る。腹をすかせた五～六匹のアリが蜜の香に惹かれてさかんに彼を触角で撫で始める。たちまち最初のアリは仲間達を満たしてやる。そして皆の腹が青くなる。彼らが授受しおえるとすぐに、香りに惹かれて地下から出て来た別の仲間達に要求される。こうして順々に分け与えられ、全体にいきわたるのである。持っていたものすべてを与えた最初の恩恵者は、すっかり身軽になって軽快な足どりで走り去る。

III

恩恵にあずかるものがいつも同胞であるとはかぎらない。多少なりとも土臭の異なる種族や、憎み多き宿敵ではないと認めて、門衛がアリ塚へ侵入することを許した者であれば誰でもかまわないのである。あるいは、しばしば有害な寄食者であっても、アリの善意によって大目に見られるなら、贈与者にうまく取り入って巧みに愛撫さえすれば、望むものを手に入れることができるのである。アリの軽卒な善意を欺くくらい容易なことはない。なぜなら、激戦のさなかでも腹をすかせた敵の要求を拒まない者さえいるほどだからである。アリの騎士道によって、敵に施しをし、補給を済ませてから戦闘を再開する。

往々にして善意が度を越し、そのためにコロニーの崩壊を招くこともある。たとえば、サンチ博士が研究に用いたチュニジア産のヤドリアリ(*Wheeleriella*)は、別種のヒメアリの一種(*Monomorium Salomonis*)のアリ塚へ忍び込む。彼女は最初のうちはかなり冷酷な待遇を受けるが、そのうち巧みな愛撫が功を奏して、ハタラキアリたちの寵愛を獲得する。そしてこれらのハタラキアリたちは、自分たちの女王よりも侵入者である彼女の方を気に入ってしまい、この勇敢な冒険者の魅力において、とうてい彼女の敵ではない固有女王を虐待し、見すててしまう。やがて、侵入者は産卵を始める。彼女の種族は先天的に働きもせず寄生を本業としていて、ただ繁殖するばかりである。あまりにお人好しで親切すぎた勤勉な土着のハタラキアリの種族は徐々に消滅していき、彼女の種族がこれに代ってしまう。そのときは悲惨このうえない。飢えと死が訪れる。今度は寄生者が、自らの完璧すぎた占領の犠牲となって絶滅するのである。これは昆虫世界特有の不可解な愚行にすぎないのであろうか。人類もまた、これと似た愚かしい迷いに陥ることはないだろうか。

これこそ本能というものの意味深い実例ではあるまいか。高度に文明化した人間は、知性や感情や策略が介入するために、致命的な誤ちを犯《おか》す本能を持っている。

しかし、これまでの解釈はあまりにも人間的ではなかったか。触角による愛撫は、単に性的な条件反射に類似した不本意な反応を引き起こすだけなのではないか。この疑問は充分にありうることだが、そのように解釈していけば、人間の行為についても大部分は同じ結論に達するだろう。擬人化をおそれるあまり、すべてを機械的、化学的に還元するのは控えるべきである。どんな決定論に対しても、予想できない否定をもたらすのが生命なのである。もちろん、要求されたアリが愛撫を拒否し、侵入者を追放する場合があるからと言って、これが支離滅裂で意味のない行為であると結論づけるべきではない。そんなふうに片づけてしまったら、いったいわれわれの行為や美徳から何が残るというのだろうか。

解釈はどうであろうと、これらの事実は、蟻類学者のすべてが確言するところである。アリはシロアリとちがって、全地上やわれわれの家、いたるところにはびこっているので、研究するにはシロアリよりずっと容易である。その気になれば誰にでも確かめることができる。

IV

他のあらゆる昆虫よりもいちじるしく文明の進んだ三種の昆虫は、同一ではないが、不思議にも類似した作用を営む社会的器官を備えていることが確認されている。ミツバチはサナギや女王バチを胃からの反吐によって養う。巣の蜜は反吐による共有の花蜜の集積にほかならない。シロアリの愛他的器官は胃であるより、どちらかといえば腹であることの方が多い。この三種の昆虫について、その愛他器官の完備の程度と文明の程度との間に何らかの関係があるのだろうか。私にはわからないが、あえて比較してみるなら、第一位がアリ、次がシロアリ、そして、わがミツバチはその輝かしい生活に眩惑され、蜜蠟による建築の妙にうたれはするものの、最後になるだろう。

人間にも同じような器官があるとしよう。もし人類に自己犠牲と他者の幸福を希う以外には生存理由も、理想も、心配もなかったとしたら、隣人のために働くだけの人類とはいったいどうなるのだろうか。たえざるすべての自己犠牲のみが唯一の快楽、無上の至福となり、これまでの愛の臥床でしか見出されなかった束の間の快楽であったらどうだろうか。

しかし、実際には不幸なことに、われわれは正反対の存在である。人間は社会的器官をもたない唯一の社会的動物である。人間はせいぜい人工的な、仮の社会主義者か共産主義者にしかなりえないのはそのためなのだろうか。アリは本来が遠心的であるのに反して、われわれは自己中心に生活しなければ生存できない。心棒の回転方向が同一ではないのだ。われわれは必然的に、有機的に、宿命的に自己主義者《エゴイスト》なのである。与えることは、われわれの生命の法則を破り、自らを裏切ることである。いわゆる美徳の行為とは、われわれがこの法則を脱しようとする努力を称しているにほかならない。アリはその反対であり、自己犠牲と他への献身こそが、すなわち自然の傾向に従うことなのである。拒むことは己に克ち、本能的な愛他主義にそむくことである。倫理の基本が逆転しているのだ。

われわれ人間にもまた一種の愛他的器官があるが、アリとは異なる次元の話である。われわれは、精神や心の中に愛他器官をもっているが、血肉の一部と化していないため効果がない。進化論者が信じているように、霊魂や精神のたえざる要求であるこの器官が、最終的に肉体的機関を創設するにいたるのだろう。それは不可能なことではない。自然においては、何世紀、何千年もの時の作用により、予期せぬ変化が現われることもあるだろう。しかしながら、ここに問題としている変化は、変化した状態を見るまでには今日のわれわれに達するのに要した時間よりも、はるかに永い年月を借りなければならないということである。宗教は一種の社会的、愛他的器官の萌芽として存在し、アリがこの世界で感受しているような快楽を、われわれの他の世界において約束する。しかし、今やわれわれは宗教をも一掃しようとしている。そして、あとに残るのは、ただ個人的な、自己的な器官である知識のみである。この知性もいつか自己を超越し、自らの殻を破り打ちくだき、超えることだろう。しかし、それがいつであるかは神のみが知っている。

なお、これほどまでに普遍的な慈善、これほどまでに限りない共同に生きているアリにも、戦争は免れえないということを忘れてはならない。しかし、これはわれわれが想像もつかないほど稀であり、残酷でもないのも事実である。

3 章

都市の建設

都市はただ一つの存在の生活であるかのように、
時空を超えて生き続けることを要求している。

アリ社会の統制と秩序は、ミツバチにおけるよりもよく均衡がとれていて、さらに安定している。一年ごとに、またしばしば一年に何度も起こるミツバチたちの王朝や結婚に関する騒動は、彼らの社会の財産と将来を危機におとしいれることがある。一方、シロアリにあっては、結婚飛行のときに何千もの花婿が死滅して共同生活をはなはだしく脅し、しばしば落城の原因となる。

アリの世界の結婚飛行はあまりはでやかではないが、雄と雌が一回かぎりの出逢いで受精する光景は一層経済的である。これは、昆虫界としては質素な結婚式であるが、その祝祭の日には何度となく周囲のすべてのアリ塚がこぞって祝うので、花嫁たちはアリ塚の上空で一種の騒乱ともおぼしき沸騰状態を見せる。アリ塚では彼女たちを激励し、彼女たちに告別の挨拶をするように、興奮と不安が入りまじったハタラキアリたちが巣の外へ出て、できるだけ遠くまで花嫁につきそっていく。そして、もはや再び会うこともない雌を見送って行く。アリにとっても、恋はシロアリと同じようにつねに死を意味するものであって、ただ一匹の雄さえも生き残ることはない。また天空めざして翔び立った千の処女アリのうち、せいぜい二〜三匹がその天職を果たし、これから述べようとする悲惨を嘗めるのである。

さらに、警戒厳重な警察組織がアリ塚の入口周辺を監視し、雌アリすべてが帰らざる飛行に発つのを妨げている。都市から、若い母親すべてがいなくなってしまっては、その未来が危くなるからである。いかなる運命が命じるのかはわからないが、警官はコロニーの円天井にいる若い母の脚を捉えて力づくで引き留める。そして彼女たちの翅をひきちぎり、地下室に引き入れる。そうやって彼女らは囚われの身となる。いったい誰が、国家の維持に必要欠くべからざる雌の数を数えるのだろうか。

II

最初にこの質素な結婚式に注目したのはレオミュールであった。彼はこの光景を発見し、すばらしく巧妙に描写している。以下は、久しく原稿のまま埋もれたままで、今までいっこうに評判にあがらなかったのだが、ごく最近になってやっとアメリカで発表されたものからの引用である。

一七三一年九月初旬、ル・ポワトーへ向かう途中、私はトゥールにほど近いロワール川の堤にさしかかった。周囲の美観と終日の暑熱が去った後の快い大気とに誘われるままに、私は馬車から降りて散歩をする気になった。太陽はあと一時間ほどで地平線下に沈む頃であった。散策の途中で、アリ塚に通ずる入口のところに、砂や土の小山が無数にあるのを見た。そのとき数匹のアリが穴の外に出ていた。これらのアリは赤といっても、むしろ茶褐色で、普通の大きさであった。私は歩みを止めて、これらの小山の二、三を観察した。どの小山にも、無翅のアリに混じって大きさの著しく異なる有翅のアリがいるのに気づいた。その一匹は無翅のアリほどの大きさもなく、一見したところ、他の二〜三倍の体重があるにちがいなかった。私が、この美しい土手の上を気持ち良く歩いていると、間隔をおいていくつもの虫の群が空中に少しずつ浮上し、旋回しながら素早く飛び回っていた。それはまるでカかハエが飛び回っているように見えた。しばしばこの小さい雲のような群れは、手の届きそうな高さにまで降りてきた。私は一方の手で何度もこの虫を捕えようとした。私の手に収めたものを見ると、それが何であるか知ることはさして困難ではなかった。それは一歩ごとに土の小山で見つけたあの有翅のアリだった。ひとつ、簡単ではあるが重要な指摘をしておくと、私が捕えたのはみなきまってつがいであった。しかも、一方が大きく、他の一つが小さく、しばしば私は交尾中のままのものを捕えた。そして私の手の上でしばらく離れなかったのである。ふつうのハエに見るのと同じようにオスがメスの上に乗って交尾している。小さいオスが大きいメスの上に乗っている。両者は互いにひじょうに固く密着しているので、力を加えなければこれを引き離すことができなかった。この小さな雄アリの体は、雌アリの半分もなく、雌の下半身をおおうこともできなかった。大きい雌アリの体を押すと、卵の房がはみ出てきた。

III

雌一匹について五～六匹の夫があり、これらは雌とともに空中に舞い上がり、つぎつぎ交尾した。交尾が終ると雄は地面に落ちて数時間後に死んでしまう。受精した雌は地上に降り、草地に隠れ、家を求め、四枚の翅をはずす。翅は結婚式の後に脱ぎ棄てられる花嫁衣装のように、彼女の足元に落ちる。彼女は胸部にブラシをかけ、地面を掘り始め、地下室に閉じこもる。新しいコロニーを建設しようとするのである。

この新たなコロニーの建設は、たいてい失敗に終る。アリの生活の中で、もっとも悲壮な、もっとも凄絶なエピソードのひとつである。

無数の者の母になろうとするアリは、土中に潜りこんで、その狭い牢獄に閉じこもる。食糧は自分の体にあるものだけである。すなわち、「社会袋」の中に貯えてあるわずかな甘露、彼女自身の肉、筋肉、とくに犠牲となった翅の強力な筋肉である。これらはあますところなく吸収される。彼女の墓場へ入ってくるものは、雨のもたらすわずかな湿気と、正体不明の不思議な臭気だけである。彼女は忍耐強く、秘密の事業が成就されるのを待つ。ついに、いくつかの卵が彼女の周囲に現われる。やがて、そのひとつから幼虫が出てきて、繭を織り始める。つづいて他の卵からも二～三匹の幼虫が生まれる。誰がこれらを養うのか、それは母親以外にはありえないだろう。なぜなら湿気が入る以外にはこの密室へ入りうるものはひとつもないのであるから。ここに閉じこもり五〜六ヵ月もすると、アリは骸骨そのもののようにやせ細ってしまう。このとき恐ろしい悲劇が始まる。せっかく用意されているすべての未来を一撃のもとに滅亡させようとする死に直面して、彼女は卵をひとつかふたつ食べることを決意する。そうすれば三つ、あるいは四つの卵を産む力が与えられるだろう。また彼女は、幼虫の一匹をあきらめてガリガリとかじる。そしてわれわれには未知の物質の作用が、彼女に他の二匹を養い育てさせる。こうして嬰児殺しから分娩、分娩から嬰児殺し、三歩前進しては二歩後退し、しかし、着実に死に打ち克ちつつ、痛ましい悲劇が一年にもわたって演じられる。そしてついに卵のころからの栄養不良のために二〜三匹の虚弱なハタラキアリが生まれるのである。「平和」というより「苦しみ」の壁を突き破って、初めて外へ出て食糧を求め、母親のもとに食糧を運ぶ。このときから母親は働くのをやめ、死ぬまで夜となく昼となく産卵に専念する。悲惨な時代は峠を越し、長期間の飢餓にかわって、繁栄と富の時代が訪れる。密室は拡張されて都市になり、都市は年々地下に広がる。この時点で、自然はそのもっとも残酷で不可解な戯れの一つに終止符を打ち、いまだにその教訓も有効性もわからないこの経験を繰り返すことはない。

この創世に関連して、遺伝と生得観念について、かなり興味深い指摘ができる。結婚飛行の前には決して外出することも、アリ塚の作業に参加することもなかった雌アリが、何者も侵入しえない墓の中に入ると、学習することもなしに、あらゆる仕事に精通してしまう。彼女は地面を掘り、住居を作り、卵や幼虫の世話をし、養い育て、サナギの殻を開くのである。ようするに、ハタラキアリほど完全な道具を備えていないのに、彼らがするだけの仕事をすべて成しとげてしまうのである。これこそ私が前述した都市の普遍的な集合的精神ではないだろうか。都市を構成する各細胞が、たとえそこから分離しているときでも、独力でこれをささえ、ただひとつの存在の生活でもあるかのように、時空を超えて共同の生活を続け、地球が滅びるときまで生き続けることを要求しているのではないだろうか。

IV

われわれは、いまコロニーの真の誕生に立ち会ったわけである。これを最初に究明したのは、やはりユベールであった。彼の観察に補足をしていったのが、ラボック、マック・クック、ブレヒマン（赤アリおよびオオアリ属の一種）、ジャネ（ケアリ属の一種）、ピエロン（クロナガアリ属の一種）、フォレル（ムネアカオオアリ）、シンペル（キイロケアリ）などの人々であった。そして誰でもその実験を反復・検証することができる。われわれの家の奥までアリが繁殖する夏の晩、雄よりもずっと大きいために、判別しやすい雌を十二～三匹ほど集める。そして、これらの雌を湿気を加えた土でいっぱいの箱の中に閉じこめる。しかし、最初のうちは失敗を覚悟しなければならないだろう。雌がまだ受精していない処女であることがしばしばであるために、またそれ以上にわれわれの忍耐と世話が欠けてしまうこともあるからだ。

言うまでもないが、その異常なまでの肉体的、精神的多形現象と、不慣れな環境に対する驚くべき適応能力とに原因して、都市の建設にも、実に種々様々の方法がある。たとえば、アカヤマアリ（*Raptiformica*）とその親族はただクロヤマアリ（*Serviformica Fusca*）の一族をその住居から追放するだけで、自分たちの都市を営みはじめる。また、二〜三の異種族のアリが協力して生活することもある。さらには、自発的もしくは強制的に養子縁組を行なったり、あつかましくも公然と、あるいは隠密の寄食に頼ったりすることもある。クロクサアリの一種（*Harpagomexus Sublevis*）は、かなり巧妙な寄生を行なう。この種にはハタラキアリに似た無翅雌アリ（*Ergatogynes*）というメスがいる。この無翅雌アリはキチン質の鎧に身を固めていて、平和を守るある種族のアリ塚に強引に入りこむ。そして、そこの住民すべてを追い出してしまい、残していった幼虫やサナギを育てて、やがて生まれてくる自分の子供たちの乳母にする。

南アフリカ産のカレバラ・ヴィドゥア（*Carebara Vidua*）という生殖雌アリは、粋な方法でこの悩める問題を解決した。この女王アリは、ハタラキアリとは似ても似つかず、その三、四千倍もの巨体をもっている。華麗な翅で身を飾ったこの女王アリが、ハタラキアリと並んだところは、まるでルーブル美術館で見る象牙の小像を圧してそそり立つサモトラスの勝利の女神を想わせる。このような隔絶した現象がほとんど同形の卵から生まれるとは、信じ難いことである。ここに多形の神秘があって、ミツバチに見るように、原則として栄養制度のちがいによるのではないらしい。

いずれにせよ、彼女がこのように小さい子供を育てるのは、ダチョウがハチドリの雛をかえすことができないのと同じくらい不可能なことであろう。そこで、この女王アリは結婚飛行の際に二、三匹ほどの盲目のハタラキアリを脚の毛に引っかけて行く。彼女の卵や幼虫や、サナギの世話や家事をさせるのである。いったい誰がそれらのハタラキアリを指揮し、決定し、このように劇的な冒険を試みさせるのか。ここにいたって、われわれはどんな奇怪な夢によっても、めったに導かれることのない世界をかいま見るような気がする。しかし、このように非常識な気まぐれ、調子のはずれた誤ち、驚くべき愚行が自然に存在することを認めるにつけ、その犠牲となった者たちの巧みな利用法に感心せざるをえないだろう。

V

卵や幼虫やサナギの話が出たところで、以下の問題にもふれておきたい。夏の晴れた日にアリ塚を崩してみると、砂または松葉の下に、小麦、ライ麦、または米粒のような物が無数に現われる。そして誰でもこれを卵だと早合点するだろう。しかしこれは卵ではない。アリの卵はきわめて小さく、ほとんどわれわれの眼には見えないのである。したがってハタラキアリが忙しく興奮状態を示して群がっているこの小麦の粒のようなものは、小さな卵から生まれ出た幼虫なのである。顕微鏡で見ると、気味の悪いくらい人間に似た外観をしている。それは黄金の仮面をつけ、カエデの柩に収められたエジプトのミイラか、さもなければホムンクルス(極小人間)か、それとも自然が昆虫にしようかと躊躇したのではないかと思えるほど入念におむつに包まれ、頭巾をかぶり、乳房をくわえた、渋面に冷笑を浮べている赤ん坊のように見える。これらの幼虫は裸のままで身を丸めているものもあれば、繭にくるまっているものもあり、この繭の中でサナギに変形するのもある。その繭から、自分で、あるいはハタラキアリの助けを借りて外に出て成虫になる。そしてまだ卵の中にいるとき、または幼虫のときから、誰が決定するのかわからないが、定められた性によって、あるいは雄に、あるいは雌に、あるいは中性になる。寿命の点からだけでも、この三性のアリの運命はひじょうに異なっている。雄は結婚飛行の後ただちに死ぬ。ハタラキアリは戸外のさまざまな危険にさらされ、労働に疲れ果て、五～六年しか生きられない。それに対して、慎重な組織だった継続的な観察が唯一可能な人工アリ塚内で確かめたところによると、生殖アリは、一五年以上も生きることができる。なお、この宿命的数量調節の問題は、ミツバチでは栄養と巣に、シロアリでは食物栄養のみに左右されるが、アリについてはまだその原因が解明されていない。

誰がこの宿命を支配するのか。誰が繁殖に必要ないハタラキアリと生殖雌アリと雄アリの数を予知し、これを算定するのか。いったい誰がこの調和のとれた割合を算出し、決定するのか、われわれには何もわかってはいない。それは誰が天空の星々を支え、その運行と均衡を操縦しているのかを、われわれはまったく知らず、おそらく永久に知ることなどないのと同じである。なぜなら、仰ぎ見る極大世界と覗き見る極小世界に存在する神秘はまったく同一であるからである。

最後にもうひとつ問題が残っている。半世紀間も存続し、二、三百万もの住民をかかえる強大なコロニーでは、どのようにして生殖雌アリを募集するのか。このようなポリカリック・コロニー、すなわち連合アリ塚では、人口を維持するために相当する雌アリが必要である。各種族はそれぞれの方法でこの難問を解決している。ときには結婚飛行の後、雌は新都市を建設せずに、自分の生まれ故郷に戻ることもある。そこでは、集団の員数に応じて必要な数だけ急いで集める。しばしば、ハタラキアリが門の近くに集まって、コロニーの将来のために不可欠と判断した数だけの生殖雌アリを集め、彼女の翅をもぎ取って、屋内へ連れ戻す。ときには、他の種族か近縁の者を探しに出かけることもある。あるいはたまたま居合わせた旅行者を花嫁にすることもある。またもっと頻繁に起こるのは、同じ巣の中での兄妹の結婚、昆虫学者のいわゆる〝アデルフォガミー〟が実行される。わが素朴な主人公であるアリたちは、必要とあれば容易に彼らの基本法則を変更し、あらゆる境遇にそなえ順応する策を講ずることを知っている。

4 章

アリの住居

錯綜した異様な、綿密で幻想的なアリの住居は、
まるで有史以前の化石のみが与える印象に似ている。

アリの住居には、ミツバチの宮殿のように華麗な琥珀の美しさや薫りを求めることもできなければ、シロアリの城砦に見るような、おそるべき堅牢さと広大さとを求めることもできない。これら三種の建築を比較し、この異なった住居内で起こっていることを理解するためには、人間の尺度にまで拡大してみなければならない。ミツバチの巣を支配しているものは幻想的で豪奢な装飾的な幾何学であり、地球上のものというより月世界のものであるのかと思わせる。シロアリの巣では、海綿のように孔のある六〇〇センチメートルもの高さをもつ石山の内部に、堅固なセメント工事による垂直形式が勝ち誇っている。そしてアリの巣では、水平の形式が見取図もないまま無計画に無数にうねって、無限に延びた洞窟都市を形成している。もしこれがわれわれの身長でも入れるくらい拡大されたとしたら、この中へ足を踏み入れたが最後、おそらく誰も生きては帰れないだろう。

アリの建築は、その体や習性と同じように多様である。アリの種類があるだけ、アリ塚の種類もあるとさえいえるだろう。しかし、それらはすべて四、五種類にすぎない基本型に分類できる。

一〇のうち九までアリの住居は地下にあって、砂地または粘土質の土地に穿たれ、無数に枝分かれした通路が貫通している。その上層部はだいたいの場合、二〇階以上もあり、地下に深くなる下層部にもほぼ同じくらいの階数がある。各階には、おもに温度によって決定されるそれぞれの使用目的が定められていて、もっとも暑い階は育児室にあてられている。しかし、誰しもアリ塚を掘り返したり、覗いたりするくらいは経験があるのだから、あえてここに詳しく説明する必要もなかろう。入口は、あるときは入念に隠されているが、またあるときはむしろこれみよがしに、噴火口か円屋根の形をして盛りあがっている。ふつうこの部分がアリ塚の主要部であり、とくにアカアリ類（*fourmis Rousses*）、クロヤマアリの一種（*Pratensis*）、アカヤマアリ（*Sanguines*）が、松葉やその他の植物の破片で構築している。エゾアカヤマアリ（*Formica Rufa*）の、ちょうどわれわれの人工孵化器に似た孵化用ドームのあるものは、ごくふつうのものでも二メートルの高さに達し、底部の直径は九メートルから一〇メートルにもなる。ドーム内の温度は、周囲の気温より一〇度高く保たれている。

廊下、倉庫、穀物置場、公会堂、育児室、さらにある種族にあっては、キノコ栽培場や家畜小屋や酒倉がある。これらの配置はきわめて多様であって、同種族の同勢力の隣り合った二つのコロニーにおいてさえも、全体的見取図に従わず、情況に応じて、たえず共通の設計が変更されている。こうして、ケアリ属（*Lasius*）のある巣では、その上層部に卵がていねいに並べられ、次の部屋には幼虫が身長に応じて分類され、三番目の部屋の奥には繭が置かれている。ところが、同じケアリ属の他の巣には、すべてが乱雑に詰めこまれているように見える。以上のように、健康、不健康を決定する人体の細胞の集合的本能のように、ある細部においては、個体ごとの知能とほとんど同じくらい多様である。そしてときには集合的本能は、この個体ごとの知能に、奇妙な仕方で近づくこともある。奇妙なほどに似ることもある。

ついでに指摘しておけば、このケアリ属のアリはできるだけ多量の熱を取り入れられるように、ドームの方位を定めて、この中で卵を成熟させ、サナギを育てる。ところが同じケアリ属でも亜熱帯地方においては、その必要がないため、このドームを見ることはない。

II

地下の巣の深さは、だいたい三〇~四〇センチメートルである。しかし、とくに収獲アリ(*fourmis moissonneuses*)の場合には、さらに一メートル半も深く砂中に掘りさげられていて、穀物置場になっている。巣の表面には、巣の内部に相通じる七つか八つの噴火口群が口を開いていて、どんな植民地でも五〇~一〇〇平方メートルの面積を占めている。しかし、この収獲アリについては、キノコ栽培アリや紡績アリや牧畜アリ(*fourmis champignonnistes, fileuses, fourmis pastorales*)といっしょに後で述べることにしよう。

たとえば、フォレルがジュラ山中で見つけたツノアカヤマアリ(*Formica Exsecta*)のような、あきらかに純粋な連邦では、巣はときに二百を数え、その各巣には五千から五〇万の住民を擁し、半径二〇〇メートルにおよぶ円形の面積を占めることもある。きわめて真面目な、きわめて正確な観察者であるマック・クック師によれば、ツノアカヤマアリ近似種(*Formica Exsectoïdes*)の尨大な都市は、ペンシルバニアで、約二〇万平方メートルの面積を占め、一六〇〇もの巣から成る。そのあるものは高さ約一メートル、底面の円周が四メートルにもおよんでいるという。この巣の容積をアリの身長から比例計算してみれば、大ピラミッドの八四倍に相当すると、マック・クックは算定している。いいかえるなら、人類の尺度に直されたこの驚異的な集団に較べたなら、ロンドンもニューヨークも一村落にすぎないことになるだろう。それに、この都市の構造はまだ十分に明白になっていないのである。

III

このささいな光の住居の中で——アリはミツバチやシロアリと同じく闇を好む——女王アリの一生涯や、ハタラキアリの生活の大半が過ごされるのである。昼となく、夜となく、少なくとも夏の間は休業なしに、家事の「容易で退屈な労働」に、掃除に、食事のしたくに従事する。食事には、野菜、穀類、果実、獲物などを、飲み物、ひき肉、捏粉、粥に変えなければならない。そして相変らず互いに快楽を促す反吐は繰り返され、内外の道路の修理、さらには母アリへの奉仕という大変な仕事が待っている。母アリを護衛し、導き、警戒し、食事を施し、体を洗い、ブラシをかけ、愛撫してやらなければならないのだ。卵や幼虫やサナギに対しては、徹底した献身ぶりを示す。卵をたえず舐めて、滲透によって栄養を与える。幼虫やサナギには、何度もその位置を変えてやり、時間によって好都合な所へ移してやる。そのほか、各自の、また互いの化粧をする。なぜなら、アリは清潔狂で、仲間の手を借りて日に二〇回も髪をとかし、摩擦し、磨き、めかしこむ。最後に遊戯がある。いわばスポーツとしての悪意のない小競合いである。これらは、ユベールが唱えて有名になったことであり、当初は想像の加わった観察だと信じられていたが、その後、フォレルやシュトゥンメルやシュレーゲルもみな肯定した。

私は喜んで、彼がこの事実を描写したページを引用し、かさねてこの偉大な蟻類学の父の豊かで平和な尊敬すべき声に接することとする。

「ある日、私は太陽に面した南向きのアリ塚に近づいた。無数のアリが寄り集まって、巣の表面で暖かな温度を楽しんでいるように見えた。一匹として働いている者はない。この無数の虫の群衆は、まるで沸騰する液体のような外観であったので、初めのうちは、これに眼をすえることは苦痛であった。しかし、一つ一つのアリに目をくばったとき、驚くべき速さで各自の触角を振って互いに接近するのを見た。彼らの前脚は他のアリの横顔を軽く撫でる。この愛撫にも似た動作が終った後、相互のアリは後脚で立ちあがり、四つに組み大顎や触角や脚でつかみ合い、すぐに離れてはまた攻撃体勢をとって突撃した。彼らはお互いに前胸部や腹部にからみつき、抱き合い、ひっくりかえし、立ちあがり、相手を傷つけないように用心しながら復讐を試みる。彼らは本ものの闘争に際してするような、執拗な攻撃もしなければ、毒液も射出しない。また真剣な喧嘩のように、相手に対して片意地をはらない。彼らは捕えたアリをすぐに放し、また別のアリに跳びかかって行く。なかには、この演習熱にとりつかれたアリがいて、次から次へ相手を求め、瞬間、彼らと相撲をとる。そうやってこの勝負は、敵がやや弱り、投げ倒されて、どこかの部屋へ逃げこんでしまうまでつづく。私はよくこのアリ塚を訪れたが、そのつど同じ光景を目撃している。ときにはこぞってこの競技に没頭しているアリ塚を見ることがある。いたるところに競技中のアリのグループが形成されていることもあった。しかし、一度として負傷者や不具者を出したのを見たことがない。

IV

最後に述べておきたいのは、いかにも信じがたいことではあるが、やはり休息があることである。ワラ束に点いた火の粉のように、昼も夜も気狂いじみた活動をつづけているアリは疲労感など、まったく知らない存在なのだろうと思われる。しかし、彼らも同じくこの地上の大原則に従う。ときには横になって精力を回復し、生活を忘れる必要があるのだ。

自分の体の三〜四倍もある獲物を背負って、長い冒険の旅をつづけた後、宿へ帰ると、入口を警戒している仲間が走り寄ってきて、まず反吐を求める。彼らの世界におけるおもな出来事は、すべて反吐にはじまり、これに終る。ついで門衛たちは、帰宅したアリの体のほこりを払い、群衆の騒ぎから遠ざかった一種の寝室にこの疲れ果てた旅行者を導き入れる。彼はすぐに眠りにおちいる。その眠りがあまりに深いので、たまたま彼らのアリ塚が襲撃を受け、病弱者たちが大騒ぎをする場合でさえ、眼が覚めきれずに、いざ戦争という段になっても、平常の態度とは反対に、あわてふためいて逃げ腰になるばかりである。

V

地下の住民たちから、樹上生活をするアリに、すみやかに目を転じてみよう。このようなアリは、シロアリのとる方法のように、樹皮を傷めないように注意しながら、幹に孔をあけてくり抜き、その内部に住む。凝灰岩を掘って住居としているレ・ボーの住民と同じく、アリは木をじかに彫って高層家屋を建築する。「この天井は」——とユベールが語るように——「トランプ一枚ほどの厚さで、垂直の壁に支えられて、広い仕切りが造られていることもあれば、無数の細い柱で支えられて、その階全体の奥行きがほとんど見透せることもある。いずれにせよ、すべてすすけて黒ずんだ木でできている」

この巣を見たときには、錯綜した、異様な、綿密な、幻想的な、未知の芸術品を手にするような印象を受ける。これは何万年の歳月によって刻まれた有史以前の化石のみが与えることのできる印象と似ている。

クロクサアリ(*Lagius Fuliginosus*)——加工する木をいぶすところから、この名がつけられた——は、しばしば大連合コロニーを形成し、その無数の人口が八本から一〇本の木の幹を占領し、同一の法則、同一の中心的衝動に従っているように思われる。

熱帯地方に棲息するある種のアリは、彼らの、しばしば巨大な巣を、大きな樹枝の腋下に付着させる。そしてこの大きな瘤の色は多少なりとも樹皮の色彩に似ている。この巣はハチが造るのと似た一種の厚紙で造られている。

さらに、アリの要求に適応した自然の空洞につくられた巣にしても、あるいは樹木の幹にあけられた巣にしても、このような定住の巣は、まるでお伽話にあるように、住居であると同時に栄養でもある。

次に流浪のアリは、いわばテント生活をつづけるようなものであって、たえず遠征をつづけて、どんな仮の宿にも満足し、夜間、彼らの幼虫やサナギをかくまう。

最後に紡績アリの織る巣があることを忘れないでおこう。紡績アリは、アリの世界のみならず、全動物界の中でも、知識階級の頂点にある。ただし、これについては詳述する価値があるので、章を改めて語ることにする。

VI

いまさら言うまでもなく、すべてこれらの暗黒の巣は、うらめしくも閉ざされていて、十分に観察することは不可能に近い。そこで蟻類学者は、養蜂家たちがすでにしているように、さまざまな装置を作って、研究したいアリの生活を、気づかれずに観察できるように工夫した。スワンメルダムは一七三七年に出版された『博物誌』の中で、初めて人工巣について記述している。彼は皿に軟らかにした土を盛り、その周囲に水を満たした蠟の堀をめぐらして、そこに捕えたアリを入れた。

その後五〇年、レオミュールの「白粉入れ」を知らなかったユベールは、小さなテーブルを組立て、ここに縦の割目をつけておき、その上に木の鎧戸で囲んだガラス張りの箱を置いた。アリはミツバチと同じく暗闇の中でしか活動しないからである。これら全体をガラス製の容器で覆い、アリが任意に立派な住居を建設できるようにした。

その後、さらに進歩している。フォレル、ラボック、ヴァスマン、ミス・アデール・フィールド、シャルル・ジャネ、ホイーラー、サンチ、ブラン、メルダー、クッターらは、彼らが研究対象としているアリの種類に応じて、ユベールが作った原型に改良をくわえていった。そのうちシャルル・ジャネの石膏の巣はきわめて実用的で、とりわけ体の小さい種族に適している。

この石膏製の巣は、できるだけ忠実に自然のアリ塚の配置と迷路とが模倣されているもので、アリがまったく意外な、変則的な環境において発揮する組織および間取りの才能、さらに住居内におけるアリの細心なまでの清潔好きを理解することができる。

たとえば、トフシアリ(*Soleuopsis Fugax*)の小規模のコロニーが住んでいるジャネの巣は、二三の部屋から成立している。そのうち一四室はほぼ成熟したサナギに当てられ、別の一部屋は一方に未成熟のサナギ、他方に小さな幼虫を収容している。さらに七つの部屋には中ぐらいの大きさの幼虫が入れられ、五つの部屋には翅をもつことになるトフシアリの巨大な幼虫が満たされ、そして女王アリが占める部屋が一つと、予備の部屋が四つある。最後に入口からいちばん隔たっている乾燥した部分にある一室だけがゴミ捨て場になっていて、ハタラキアリはここへゴミや幼虫がサナギ期の初期に脱ぎ捨てる殻や、醇化以来、幼虫がとってきた栄養の残滓を積みあげる。さらに重要なことは、他の巣について見ると、二〜三室がゴミ捨て場になっていることである。アリの排泄物はすべて液体なので、その部屋の一角の石膏がその用途のために明らかに変色している。

このようにして、アリは外界と一切交渉のない密室に、これほど困難な状況のもとでは、とうていわれわれの技術者といえどもなしえないような衛生的な配置を即座に完成する。

　初歩的な観察に適したもっと簡単な装置は、ラボックの提案した巣である。それは二〇〜三〇平方センチメートルの二枚のガラスで作られ、その間隔を三〜六ミリメートル離してある。つまり、研究対象となるアリの種類によってこの間隔が決められる。この二つのガラス板による装置に木の枠をつけ、その内部に少し湿らせた細かい土を満たす。このとき、すっかり土で覆ってしまわなければならないのは、この社会的昆虫の内的生活は闇を好むからである。この巣は、アリの逃走を防ぐために、水または粉石膏をめぐらした同一の支柱の上に数個重ね上げることができる。

　これらの装置のおかげで、われわれはアリの巣の秘密、少なくとも物質的な秘密の大部分を知ることができた。だが、政治、経済、心理、道徳などに関する秘密については、いまだその解明からほど遠いところにいる。

5 章

戦争

不正義きわまる種族こそが、もっとも文明化し
知識の発達した種族であることを認めざるをえない。

あらゆる昆虫の中で、アリだけが軍隊を組織し、攻撃的戦争をくわだてる種族である。シロアリは兵隊を保有しているが、兵士たちは決して攻撃をしかけることはなく、もっぱら都市の防衛、あるいは食糧調達のために城砦周辺を武器をもたずに俳徊するハタラキシロアリたちの保護にあたる。ミツバチの世界にあっても、本来的な攻撃は知られていない。弱体化し組織の力が緩んでしまったミツバチの巣、あるいは蜜房の破壊や内部的災厄のために、蜂蜜が流出してしまったミツバチの巣では、隣人に対する貪欲が頭をもたげ、掠奪行為にはしることもある。このとき、多少なりとも激しい乱闘が生じる。しかし、それは本格的な戦闘というより、偶発的な小競り合いにすぎない。このような例外を除いて、ミツバチ社会では、他者の生命と財産は絶対に尊重されるべきものである。

　ところが、アリの社会では事情が異なる。原則としてアリはたしかに平和主義者である。無益な暴力はあえて避けようとする。しかし、高度に洗練された彼らの文明形態そのものが、もっとも知性的なアリをして、非好戦的で友好的な種族に対する戦争へと、ほとんど避けがたく彼らを駆り立てるのだ。したがって戦争をしかけられた者たちは、互いに同盟を結ぶことが必要不可欠となる。この点においては、アリ社会はわれわれ人間の文明に奇妙に似てくる。それはあたかも、この地球の、自然の神の、あるいは宇宙のモラルが、より良きものの招来を待つしばしの間、世界が人間の文明社会の段階にとどまることを望んでいるかのようである。

II

アリは肉体的にも、精神的にも、シロアリやミツバチや人類よりも、はるかに広範で変化に富んでいる。古生代の前期的アリの直系で、いまだに単独生活を営んでいるもっとも原始的なアリであるハリアリ亜科のアリからキノコ栽培アリ、奴隷制アリ、道具を使うアリのように進化をきわめたアリにいたるまで、またフォルミコクセヌス（*Formicoxenus*）やフタフシアカ亜科のアリ（*Myrmecina*）のように決して抵抗することのない平和的なアリから、もっとも勇猛果敢なアカサムライアリ（アマツォーネアリ）、サスライアリ（*Dorylines*）、グンタイアリ（*Ecilons*）にいたるまでひじょうに多様な階梯と変遷を数えることができる。それはもっとも素朴なポリネシア土人やフィジー土人から、この地球上の人類を率いている白色民族にいたるまでの人間における諸段階の比ではない。体型、体色、身長は、知性や習慣が異なるだけにさまざまである。たとえば、オーストラリア産のトゲアリの一種（*Polyrhachis Appendiculata*）の胸部は二個の平たいネジでできていて、その上に大きな漆黒のボタン状をした突起物があり、琥珀色の重い腹部につづいている。そうかと思えば、同じくオーストラリア産のオレクトグナトス・セクスピノズス（*Orectognatus Sexspinosus*）にあっては、馬のような頭の下に、金属板に突起物をつけた胸部があり、その中には糸状の細管が挿入されていて、その先は透明な梨の実状をなしている。この両者を較べてみるとカバとバッタほどの相違があるように思われる。また大胆にもフォルミカ・プラテンシス（*Formica Pratensis*）を攻撃するシワアリ（*Tetramorim Caerpitum*）はゾウに手むかうイタチのようだ。

したがって、身体と同様に武器も異なっている。どのアリも攻撃のための武器として、大アゴを持っているが、その形状はいずれもかなり奇怪であり、きわめて多様である。ヤットコや大バサミの形のもの、鉗子のように短く太いもの、カマのように長いもの、一撃すれば敵の頭蓋を貫くことのできる鋭く尖っているものもある。歯状の両刀で敵の首や脚や胸部をひき切ることのできるものもあるし、さらには、この武器を二対も備えているものさえある。いくつかの種には、大アゴのほかにミツバチに見るような針と毒液の袋を持つものもあるが、この武器は退化の傾向にある。概して、肛門の嚢がこれに代っている。この嚢は噴霧器の一種で、かなり離れたところから毒ガスを発射して敵を麻痺させたり、捕獲したりできる。ただし、アリがこの武器を使うのは緊急の場合か、大闘争のさなかのみであって、それ以外は使用を嫌っているようだ。それは、アリが敵の死を望まないため、また一つには、この携帯砲の発砲から受ける打撃をおそれるためである。なぜなら、しばしば自分自身の毒で自らを害することがあるからだ。

III

からだや武器が異なるように、戦争方法も千差万別である。人間のあらゆる種類の戦法がアリの世界にも認められる。――解放戦、電撃作戦、一挙大量動員、伏兵戦、襲撃、隠密裡の侵入、激戦、絶滅戦、戦略なき戦い、われわれの方法にひけをとらぬほど巧みに組織された包囲陣、大規模な防禦、嵐のような突撃、絶望的な包囲突破、浮き足だった退却、あるいは戦略的撤退、ときにはきわめて稀れではあるが同盟者同士の小競り合いなど――。私は、ここですべての形式を述べたてるつもりはない。あまり詳細な記述はわずらわしいだけだし、専門の論文を参照すれば容易にわかることなのだから。しかし、これらの記述の中から、アリの敵対行為に関する特異な一般法則のいくつかを引き出すことができる。

まず第一に、すでに述べたようにアリの利己主義を、きわめて古くからの伝説が肯定しているのとは逆に、この種族の大半は徹底的に平和愛好者である。しかし、彼らは攻撃を仕かけられたときには、都市防禦のために、いかに勇敢なわれわれの軍隊にも見ることのできない勇気を発揮する。彼らには、攻撃者の大きさ、数の多さをふりかえることはない。そのうえ、彼らの威嚇的な態度を前にしては、侵入者は当初の計画を断念し、最初の一撃におそれをなして、恥しらずにも逃げ出すこともある。

いかに強力であって、武装が完備され、威光をたたえていようと、平和を愛するアリは、総じて他者の幸福を尊重し、その力を濫用せず、あらゆる衝突の動機、あらゆる機会を避け、ひたすら自分の巣の問題にのみ専心する。たとえば、ヨーロッパに棲息するアリのうち、もっとも恐ろしいとされるネオミルマ・ルビダ（*Neomyrma Rubida*）などは、一度刺せばたちどころに敵を殺しうる鋭い針を備えながら、いまだかつて他のコロニーを攻撃したことがない。

IV

アリ世界の平和と幸福のためには不運なことであるが、この世界にもわれわれ人類の世界に見るように、もっとも富み、かつ強い種族で、他人のものを掠奪するのを当然と心得ているものがある。とくに悪質なのは、定期的な掠奪をくわだて、隣接するコロニーの出生前の若者を奪って奴隷の身分におとしいれるのである。しかもこの不正義きわまる種族がもっとも文明の進み、もっとも知識の発達した種族であることを認めざるをえない。

ユベールによって、きわめて良心的に観察、記述されたアリ同士の戦争の物語り――たとえばアカヤマアリ類あるいはアマツォーネアリの遠征――の一つを、例によってその一節を引用する必要があるだろう。しかし、残念なことにあまりに長すぎ、しかもまったく無駄がないので、どこを割愛してよいのか判断がつかない。そこで、これについては近く復版が出ることと思われるので、それにまかすこととしよう。

好戦的なアリのうち、アカヤマアリ類すなわちラプチフォルミカ・サンギネア（*Raptiformica Sanguinea*）は、ヨーロッパ一帯に拡がっていて、通常、南向きの生垣にそって発見される。フィーマー、ワスマン、ホイーラー、フォレルが熱心な研究者としてあげられる。アカヤマアリは毎年、良い季節に二～三回の奴隷の掠奪をくわだてる。戦略的に見て、この遠征ほどみごとに組織されたものはない。以下はフォレルによる観察の一節である。しかし詳細すぎるので、やや冗長な点を私が要約したものである。

他の種のアリの巣――今の場合は掠奪を試みようとするクロヤマアリの一種（*Glebarias*）のアリ塚――を偵察するために斥候を派遣した後、ある未明、小隊に分かれて目指す巣に向い、徐々にこれを包囲する。非常事態を知った守備側のアリたちは、彼らにすれば切石に相当する砂の小粒で扉の周囲にバリケードを築く。そのとき、いずこともなくやってくる指令にしたがって、――アリにあっては、指令の出どころはミツバチやシロアリにおけるよりもさらに神秘であるから――攻撃軍は大挙して押しよせてくる。防禦する側は抵抗を試みるものの、突破され、押し倒され、ひっくりかえされて、絶望し、巣にひき返し、どんな犠牲をはらっても救い出したいサナギを背負って、ふたたび巣から出てくる。その数があまりに多いので、戦場は彼らの子孫におおわれて、もとの褐色から白色に変ってしまうほどである。しかし、侵略者たちは彼らからこの宝物を奪い取り、一時的に出口の付近に山積みする。そして生殖雌や荷物を持たないハタラキアリはどんどん通してやるが、幼虫やサナギを運んでいるハタラキアリには、頑固な税関吏のように、その荷をおろすことを強いるのだ。それ以外には、抵抗したり、毒をもって防禦したりしないかぎり、何ら危害をくわえることはない。

まんまと脱出して、いくらかの子孫を草間に隠しえたクロヤマアリ（の一種）があれば、彼らはふたたび捕えて子供たちを奪い取る。こうして間もなく掠奪された都市と、生きた戦利品が運びこまれる勝利の都市とのあいだに、通路が建設されて二〜三日間、すなわち包囲されたアリ塚が完全にカラになるまでつづけられるのである。

一般に信じられているのとは反対に、大量虐殺はなく、路上に倒れ伏す犠牲者もごく少数にすぎない。居住者は単に追い出されるだけで、ふたたびもとの巣に戻ることはない。他へ移住するのだ。サナギの運び出しが終わって、勝利者が引きあげると、巣はたちまち廃墟と化す。アリの原則にしたがって、他者に加える危害を最少限にとどめ、どうしても必要とする戦争行動だけが実行にうつされるのである。

掠奪されたクロヤマアリの卵や幼虫やサナギは、新たな国（戦勝国）の門口で、彼らと同種族の奴隷にむかえられ、世話され、養育されて、やがてこれらの奴隷に代って征服者の住居の労働に従事するようになる。このようにして奴隷制のアリの世界における召使いが補充されるのである。

V

むろん本来的な意味での奴隷制ではなく、ユベールはすでに一世紀以上も前に、このことばを次のように置き換えている。それはむしろ重要な養子縁組であって、やがて一種の養母子制に転ずる。ただし予想に反して、敗北者が勝利者を養子にするのである。勝利者は、その誘拐の犠牲者の子供となり、もっとも進化したある種のコロニーにあっては、彼らの助けを借りなければ、自ら食事さえすることができないほどになっている。この自発的奴隷は、彼らの誘拐者と変わらぬくらい自由で、気のむくままに巣を出て、行きたい所へ行き、死ぬまで主人に忠勤を励み、ときには主人の側について、彼らの生みの母国と闘うこともある。だが、平和愛好者であるクロヤマアリ(の一種)の生活に、このような事態が頻発することはない。しかし、対抗関係にある二つのコロニーを人工的に衝突させれば、容易に見られる現象である。このような家族関係をつづけているうちに、反吐の神秘と、献身のうちに受ける秘かな快楽とが重要な役割を担うにちがいないのである。

スカンジナヴィアからイタリアまで、イギリスから日本にまで広がっているこのアカヤマアリの居住地域の、奴隷制度はいつも同じやり方で組織されるとは限らない。たとえば、あるアリ塚では奴隷の数が主人より多く、他のアリ塚では奴隷は少なく、またべつのアリ塚では奴隷が廃されて、異常に矮小化したハタラキアリがその代わりをつとめている。さらには二種類の奴隷を所有するものもいくつかある。たとえば二種のクロヤマアリ（*Glebarias, Rufibarbis*）の両者は、よく家政をみる二種類の奴隷だ。フォレルは、アカヤマアリの人工アリ塚に八種の異なった種族——四種のクロヤマアリ類（*Servjformica Glebarias, Rufibarbis, Cinereas, Formicas Pratensis*）と四種のアカヤマアリ類（*Rufas, Exsectas, Pressilabris, Polyergus Rufescens*）——を養子に入れて育てさせることにさえ成功した。これらの種族のそれぞれは、異なった方法でそれぞれの活動をした。エゾアカヤマアリとクロヤマアリの一種は、ひじょうに勤勉であった。アカヤマアリはきわめて器用で、プラテンジスはひどく不器用であって、アカサムライアリは救いようのないほど怠け者であった。他の種族では、不適応者もしくは無用の長物と見なされたものは、ただちに殺された。

ある奴隷制度のアリ社会においては、主人と召使いとの間の了解はさらに奇異なものである。H・カッターによって観察されたあるアリは、イバリアリ（*Strongylognatus Alpini*）という野暮な名前を持っているが、シワアリ（*Tétramorium Caespitum*）に対する遠征に際して、彼らの奴隷を戦線に送り出し、自らは高見の見物をきめこみ、戦場を監視し、単に存在するだけで敵を威嚇する。一方、昔から宿敵同士であるシロアリ（*Tétramorium*）とイバリアリは、人間によって異常な環境に置かれたときには、戦うことを止めて、同盟も結ばない。これらすべてが示しているものは、アリの注目すべき順応性、環境を利用する巧妙さ、適応能力、つまり一言でいえばこれらは、アリの知性であろう。それは、われわれがようやく研究を始めたばかりで、まだたいした理解をうるにいたっていないこの世界を活気づけ、導く知識なのだ。

VI

これまで述べてきたのはいずれの場合も、すべて無意識の隷属である。クロヤマアリとアカヤマアリを征服するのはきわめて容易である。彼らは知らぬ間に奴隷となっているのだ。なぜなら彼らは胎児の状態で誘拐されるので本当の祖国を知らない。したがって、その養子縁組は少しも不自然なところがない。ただ掠奪を行なうすべての種のうちで、恐るべきイバリアリだけが成虫を捕えて奴隷にする。しかしこの大胆なやり口によって、重大な誤算が生じたことはないらしい。この思いきった運命の変転は、彼らがまったく予期しなかったことのようには見えない。もし予期しなければ、ずっと以前にそれを放棄していたであろう。

にもかかわらず、この超動物的ともいえる行為は、しばしば奇妙な結果を引き起こす。ヴァスマンの引用した例によると、アカヤマアリ類がプラテンジスの小都市から奪ってきた繭が孵化して一人前の奴隷となり、若いプラテンジスが付近に働きに出たとき、たまたま彼らの母親と再会し、死んだばかりのアカアリの女王アリの代わりとして、彼らの母親を主人の巣に連れてきた。その結果、原始的制度のコロニーは、しだいにプラテンジスすなわち牧畜アリの共和国と化した。これほどに複雑精妙な文明には、われわれの文明と同じように必然的に予期せぬ反動が生じることがある。

しかし、奴隷制度を持つアリのうちで最大のものは、ユベールがアマツォーネアリまたは軍団アリと呼んだアカサムライアリ(*Polyergm Retesceus*)である。このアリは比較的まれである。他のアリにとって奴隷は一種の贅沢であるのに反して、このアリにとっては生存上欠くべからざるものである。また、奴隷所有の配分も逆転している。アカヤマアリ類においては一般に、六〜七匹の主人に対して一匹の奴隷がいるが、一匹のアマツォーネアリ(アカサムライアリ)には六〜七匹の奴隷がいる。アカヤマアリ類に火ぶたを切った進化は、ここにいたって完成に達した。彼らの鎌型をした大顎のために、アマツォーネアリはシロアリの兵士と同じく戦争にしか用をなさない。彼らは他の助けなしには食事もできない。召使いの口からようやく食物を摂取することができるのである。そのうえ、子供の世話をすることもできず、巣を建設し維持することもできない。ただ巣の奥底で彼らの空虚な時間は、無為のうちにだらだらと過ぎてゆき、具足を磨いたり、意地きたなく奴隷に蜜をねだったりするほかは、ぼんやりと日々を送っている。みごとな甲冑に身を固めたこの戦士、この尊大な選抜突撃隊、この向うところ敵なき大戦の帰休兵、彼らは召使いがいなければ赤ん坊同然に途方にくれてしまうのだ。まったく無用の集りに過ぎない。蜜の山の中で飢え死にしかけ、哀れにもできるはずのない反吐を仲間同士で求めあっているこの絶望者の群の中に、ユベールやフォレルがしたことにならって、一匹の奴隷種族のハタラキアリを入れてみよう。たちまちにして様子は一変する。それはまるで、断末魔の苦しみにあえぐ独身者の殺風景な部屋にやってきた善良な家政婦のようである。

VII

その体の仕組みからして、戦争はアマツォーネアリの唯一の職業であり、生死の問題なのである。彼らはいかなる犠牲をはらっても、つねに奴隷を補充しなければならない。敵の数や体の大小がどうであれ、アマツォーネアリは激しい勢いで襲いかかり、決して後退せずに、敵の頭だけを狙う。徹底的な闘争性が彼らの本能を決定した。その結果、戦略を限定する。その戦略はアカヤマアリ類のように柔軟性と知性を持たない。彼らは、勝利に必要のない致命傷を敵にくわえることを嫌うというアカヤマアリ類の寛容と温和を持ち合わせていない。アカアリは狙った獲物を奪い取るのに、クロヤマアリをせっかんするだけである。これに反してアマツォーネアリは繭をくわえているクロヤマアリの頭をいきなり切り落とす。アマツォーネアリは戦場においても、ときどき血に飢えた狂乱の発作に襲われて、大顎の下に落ちてきたものを手当りしだいに引き裂く。幼虫、サナギ、木片、たとえそれが戦友や、自分の奴隷であっても、なんでも口にふれしだい噛み裂いてしまう。しかし、これらの兵士は比類なき勇猛心をそなえている。巧みな戦略家であり、勇敢な恐るべき盗賊であるアカヤマアリ類の一軍を、六〇匹そこそこのアマツォーネアリが敗走させるぐらいはたやすいことなのだ。

ユベールが観察したように、都市攻囲戦にしても、その方法はアカヤマアリ類とアマツォーネアリでは異なっている。ユベールの指摘によれば、とくにその犠牲者が「灰黒アリ」と呼ばれるアリの場合によく当てはまる。一九世紀末には、アリはまだ今日のような野暮な学名を押しつけられてはいなかった。もっと素直に親しみやすい名で呼ばれていた。アカアリ、坑夫アリ、褐色アリ……。ところがアマツォーネアリ、もしくは軍団アリはポリエルグス・ルフェスケンス(*Polyergus Rufescens*)となり、灰黒アリは現在のグレバリアス種のうちのフォルミカ・フスカ(*Formicus Fusca*)となったのである。

そこでアカヤマアリの場合であると、被攻囲者は最初の行動として、幼虫およびサナギを救うために、攻撃された入口と反対側の入口にこれらを積み重ね、敗北したときに容易に運び出すことができるようにする。その後に、彼らは勇ましく戦場に身を投じ、防戦につとめる。そのみごとな抵抗ぶりに、攻撃側は急きょ戦利品だけを奪って退却してしまうことがある。

しかし、ひとたびアマツォーネアリが襲撃してくるとなると、もはや灰黒アリたちは何をしてもむだである。彼らは情け容赦のないカミナリ軍団を敵にしていることを悟るのである。無感覚な狼狽が守備隊に拡まり、侵略者が倦きるのを待つしかないと覚悟をきめる。

フォレルの計算によれば、千匹のポリエルグスから成る都市は、平均四万匹のフスカまたはルフィバルビスの繭を捕獲するという。

VIII

奇妙なことに、そしてこれもまた、ある種の人間に見られることなのだが、ときには彼らの残忍さと不合理な要求が、奴隷たちの勘忍袋の緒を切ってしまうこともあるようだ。何一つ見落さないフォレルが、この奴隷暴動の証人であった。たとえば地下王国のスパルタクスは、彼らの主人の脚をとらえ、噛み、巣から遠くへ運んだ。キチン質の鎧で身を守るアマツォーネアリは、この虐待にも平然として、あまり遠くへ押し出されないかぎり抵抗しようとしない。しかし、奴隷たちが度を越しすぎると、その恐ろしい鎌で暴徒の頭をはさむ。それでもなお反逆者が手を引かないなら頭に孔をあけるほどの一撃をくわえる。

戦場の生活では、まったく愚かしい一面を見せるアマツォーネアリも、ときには瞠目すべき想像力を発揮することがある。たとえば、住居が狭くるしいと感じたとき、見すてられたアリの巣に出くわしたアマツォーネアリは、それが自分の巣より快適であると判断すれば、そこに奴隷を移し、何時間もの往復のあげくに奴隷と共にすっかりそこに居を定めるのである。

アメリカや日本には、ほぼヨーロッパのものと習慣のちがわないアマツォーネアリが生棲し、別な名の召使い種族に奴隷奉仕をさせているが、べつにとり立てて述べる必要もないだろう。すべての奴隷制アリの中ではポリエルグス・ブレヴィケプス(*Polyergus Breviceps*)がその完璧な礼節によって際立っている。彼らは子供を奪ってくる相手に対して決して暴力をふるわない。

IX

奴隷狩りのための襲撃に次いで、それほど残酷でも徹底的でもない領土の獲得戦がある。アリは人間と同様に私有財産という所有欲を明確に持っている。アリにおけるこの欲望は、巣とそれに含まれるものだけに限られず、彼らが働きに出る周辺、とくに家畜のアリマキが草を食む区域にまでおよんでいる。アリは近隣のコロニーの密使が自分たちの土地へ食糧を奪いに来るのを許さず、自分たちが育て、囲い、小舎に入れて世話をしているアリマキの分泌する蜜が一滴たりとも盗まれることを拒む。ここに人間社会と同じ矛盾を見ることができよう。われわれは他人がわれわれに属する物を奪うことを許さないが、他人に属する物は好んで奪おうとする。しかしアリにおいては、われわれほど頻繁でも陰険でも複雑でもない。これについては牧畜アリの章でふたたび取りあげることにしよう。

熱帯地方のアリにしか関係しないので、より特殊と言ってもよい戦争は、シロアリに対する戦いである。これは純粋に捕食のための戦争、というよりむしろ一種の狩猟である。他の点では恐ろしく巧妙なシロアリも、不幸なことに、アリにとっては天から授けられた獲物であり、生まれながらの犠牲者である。ある地方では、アリはその生涯の一部分をシロアリの巣に入りこむ機会をうかがってすごす。しかし防衛側の細心で厳重な警戒と予防のために、この機会はめったに訪れない。この戦いについての詳細は、M・E・ビュニョンの著した『蟻と白蟻の戦争』にゆずろう。

X

アリの世界における戦争はわれわれの世界と同様、かならずしも敗北者の殲滅か逃亡で終わるとはかぎらない。アリも講和や平和や同盟の恩恵と利益を識っている。この点に関する反応が観察されるのは、大部分が人工的に引き起こされた場合である。なぜなら、これらは自然状態ではかなりまれであるか、われわれの目の届かないところで生じるにちがいないからである。それでもやはり、アリの知性にきわめて近いことが、またしても示されるにちがいない。

同一種ではあるが二つの異なった巣にいるアリを、一つの人工巣に混合して入れてみると、最初は猛り狂って攻撃しあう。しかし間もなく同胞同士の争いの無益と愚かさを悟ってか、騒ぎはおさまり、大顎はゆるめられ、肉弾戦は解消する。ところどころに一種ののんびりした平和が現われ、もはや揺ぐことのない同盟へと変化してゆく。すべてが同じ家族に属していたかのように、元気よく、あてがわれた住居の中で労働に従事する。

異なった種同士の場合は、講和を確立するのにもっと時間がかかる。そのことは、フォレルの実験にならって、たとえば同じ袋の中にアカヤマアリ類とクロヤマアリの一種のコロニーを入れてみれば容易にわかるだろう。アリをよく混ぜるために袋を振ってから袋の口を人工巣に向けて開ける。最初は大混乱が生じ、次に戦闘が始まり、しだいにその激しさを失いつつも、夕方になって無害な押し合いと確信なげな威嚇に退化してしまうまでつづく。その間に数匹のアカヤマアリと相当数のクロヤマアリが命を落とすのが普通である。しかし、アカヤマアリの戦死率は、決してクロヤマアリのそれを越えない。クロヤマアリは強力な毒を自由に操ることができるのだから、アカヤマアリの損失が敵の損失を上回ることがないのはなんとも合点がゆかないのだが、それはクロヤマアリが毒の使用を嫌っているからにちがいないのだ。

二～三日たつと、講和条約が確立され、昨日の敵は、今日は互いに肩を並べて幼虫やサナギの運搬を助け、新居の改善や間取りに友好的に協力しあう。

この友好関係は巣の建築にまで影響をおよぼす。これまで述べて来たように、各種のアリはそれぞれの種類によって、建築すべき住居の材料の選択や、配置の方法を持っているのだ。したがって自然状態においては勿論のこと、人工巣においても、混合巣のドームは純粋状態のアカヤマアリの巣ともクロヤマアリの巣とも厳密に言えばちがっている。

同盟者、協力者、もしくは奴隷の影響は建築に留まらず、性格にまで波及し、アリ社会の心理や道徳に多少なりとも改変をくわえる。たとえば、エルネスト・アンドレの指摘によれば、臆病なフォルミカ・フスカに奉仕されるアマツォーネアリの行動が穏やかで慎重で緩慢になるのに対して、活発で決断力に富むルフィバルビスは自分の主人に、より一層の活動力を伝えるのである。

XI

最後に、この節ではこれらの好戦的なアリについで、南アフリカやギアナやメキシコそしてブラジルに棲息する「訪問者」もしくは「狩人」と呼ばれる巨大で恐るべきアリ——サスライアリ（*Dorylini*）、グンタイアリ（*Ecitini*）、ムカシアリ（*Leptanillini*）——を挙げておくのがよいだろう。これらのアリは純粋な戦争をしない。それもそのはず、彼らには抵抗するものがないのだ。竜巻や台風以外には、彼らの道を塞ぐ敵に出会えない。

　ごく最近、J・ヴォスレに発見されたアフリカのサスライアリすなわちドリリネス・アノン（*Dorylines Anommu*）は、ヘチャコ、W・ミューラー、ベイツ、ベルト、バーなどによって研究されているグンタイアリすなわちエキチーニ、エキトンス・ハマトウム（*Ecitons Hamatum*）と同じく、肉食専門の盲目で巨大なアリで、大量虐殺と掠奪をもっぱら生業としている。都市を建設しないで、キャンプというよりむしろ露営をしながら行軍する。しかもその歩みはきわめて流動的である。なぜなら、彼らの留まった場所は、またたく間に完全に不毛の地と化してしまうからである。

　彼らはその狩猟遠征を軍事的、体系的に組織する。まず数匹の斥候を先に派遣する。間もなく掠奪と虐殺の衝動がどっと隙間なく潮のように押し寄せ、平原や密林を覆いつくす。彼らは突撃体勢で行進し、彼らの保護、監督に当っている大きな頭部とカギ形の大顎をもった将校の間に密集した隊列をつくって進軍する。そして、何の警告もあたえずに敵に襲いかかる。何一つ逃がすまいとして、左右に散開騎兵を派遣する。この密集軍団は昆虫の世界における洪水であり、無防備な四つ足動物の世界に出現した二百万頭以上の狼の大群に相当する襲来である。しかも、その行動はいたるところに筆舌に尽くし難い恐慌を捲き起こし、しばしば鳥でさえ飛び立ってしまうほどなのだ。逃げそこねた者はただちに虐殺される。重すぎる獲物はその場で寸断され、その細片は仮の共同倉庫へ運ばれる。もし彼らの道に鳥や小さな哺乳動物などがいようものなら、骨だけしか残らない。トンガでは、檻に入れられていた豹が殺され、一夜で骸骨になった。かつて、まさか食べることはないだろうと、数名の囚人が固く縛られてアリの中へ投げ出された時代もあったが、数時間で博物館に備えるのに適当な骸骨標本になってしまった。アリたちはめくらめっぽうに、人間であろうと何であろうと襲いかかるのだ。もし逃げずに留まっていたいという人や移動できない病人がいる場合には、ベッドの脚を酢の満たされた器に漬け、なおかつ天井にひび割れがないことを確かめておかなければならない。これほどの用心をしないかぎり人間も葬られる。しかし、たいていは避難するのが普通である。なぜならアリの大顎はたとえ体から切り離れようと、噛みついたままゆるまない。そこで原住民はこの顎を利用して傷口を縫い合わせる縫合用鉗子の代わりに使っているくらいなのだ。

サスライアリの通過したあとには、彼らの兄弟であるグンタイアリが通った後と同じように、生きているものは何一つとして見あたらない。彼らが村を襲った場合、ありとあらゆる動くものはすべて食いつくされてしまう。その代わり、すっかり村を清掃してくれるので害虫は影も残らないほどだ。最初は退却を余儀なくされた村人たちも、自分たちの不幸にはそれなりの賠償がはらわれることを悟ってからは、彼らを撃退するのをやめるようになった。

これらの襲撃は、彼らが留まっている地域が完全に食い尽くされてしまった場合に起こる、むしろ移住行為なのである。この点においてもサスライアリはグンタイアリと同じ習慣を持っている。

すなわち、卵や幼虫やサナギを運んで行き、行ったさきざきで臨時の巣へしまっておく。ただし、サスライアリの幼虫は日光に弱いので、覆いのある道か、ヘイアリが頭をぴったりと寄せ合ってトンネルを造り、その影を通過させる。バールによって発見されたカイエンス付近のグンタイアリの仮住居は、一立方メートルの大きさで、数十万のハタラキアリが体を寄せあって巨大な球を形成し、繭に必要な熱を維持しているのであった。

卵の周辺にこのような球を形成することは、豪雨や洪水とかの場合、すなわち決死の覚悟で水路を渡るという危機に襲われたとき、一〜二匹のアリが実行してみせるものだ。これは単なる反射行為なのか、それとも危機的状況に誘発された、熟考の上での英雄的行為なのだろうか、この密集の中心に繭が集まっていることが偶然の為せる業なのかどうかは容易に断定できない。

6 章

伝達と方向感覚

アリ自身が巣の方向を示す羅針盤か、磁針ではなかろうか。
巣の中では磁気を抜かれて休息している。

ほとんど盲目に近いアリが、巣の中で同一種族ではあるが別の家族に出会ったとき、いかにして相手が異国人であることを知るのだろうか。これはアリ社会においても、もっとも複雑かつ難解な問題の一つである。辛抱強く巧妙な蟻類学者アデール・フィールド嬢は、この問題に多大な年月を捧げたが、十分に満足する解決に到達しなかった。彼女の実験によれば、アリにとってもっとも主要な感覚である嗅覚は、主として触角の先端をなしている最後の七つの節に存在する。これらの節のそれぞれが特定の臭いを担当している。たとえば、住居の臭いは最後の節によって感じられる。最後から二番目は、同一種の異なった家族から構成されたコロニーのハタラキアリの年齢を判別し、先端から第三番目のものは、自分の通り路に染みこませた臭いをキャッチする。最先端の節を除去されたアリは、どこのアリ塚でもおかまいなしに入りこんで虐殺されてしまう。第三番目を切り取られると、歩いた足跡がたどれなくなって道に迷ってしまう。また他の節は、母親である女王アリの発散する臭いがわかる。したがって、これを奪われたハタラキアリは、産卵雌の世話も子孫の世話もしなくなる。さらに別の節は種族の臭いに当てられているのでこれを除去すれば、ひじょうに異なる種のアリ同士を一緒にしておいても闘争することはない、等々。

住居の臭いは種族の臭いと同一ではないことに注意しなければならない。前者はかなり多様で、住民の年齢、その他の事情によって異なるのに対して、後者の種族の臭いはほとんど決まっている。家系の臭いもまたこれと異なり、母の臭いであって、すべてのアリが卵から死にいたるまで身につけている。したがって自分の母親ではありえない女王アリの臭いと混同してはならない。

しかし、アリの嗅覚を触角に限定するのは大胆すぎるようだ。実は、この感覚は人間とはちがって一つの器官について局限されているのではなく、他の昆虫と同様に体全体に拡がっているらしい。ミニッヒは最近、チョウが脚で味を知ることを証明した。「この形態の感覚受容は」とホイーラーは述べている。「昆虫においてはきわめて頻繁である。同様に、嗅覚のようにあいだを隔てて感ずる器官と味覚のように接触して感ずる器官とを区別することも無駄である。なぜなら、昆虫は触角を触覚のみならずその他の種々の感覚に用いるからである」

さらに記憶における臭いの寿命の問題がこれにつけ加えられる。この寿命もやはりさまざまであって、一〇日間ほど残りつづける場合もあり、三か月、あるいはもっとつづく場合もある。とくに家系の臭いは、三年以上も持続する。なおさらに、諸感覚の避け難い混交や重複が加わり、とりわけ、これらの無尽蔵の器官が演じる、電気的、磁気的、そしておそらくはエーテル的、心霊的役割をつけ加えなければならない。以上のことから、われわれの世界よりはるかに単純で、原始的で、興味も意外性も欠けていると信じられてきたこの小さな世界が、どれほど信じ難いまで複雑なものであるかがわかるであろう。

II

目の代わりをしているアリの触覚は――アリの視力はきわめて弱く大半が盲目である――ことばの代わりもしている。これは彼らが巣の近くの細道を往きつ戻りつしているときに、われわれ誰しもが観察したことである。彼らは出会うたびに、一瞬立ちどまり、何ごとかを語り合うように、鞭毛で敏捷に軽くたたき合う。彼らのあいだにはこれ以外の伝達方法はないのだろうか。攻撃を受けたり、あるいは単に不安に襲われたりしたとき、警戒警報が稲妻のごとき速さでアリ塚中に伝播されることは確かなのだ。これは極度の恐怖に襲われたとき、われわれの身体内に生じる現象と同じように、神経的または心理的、刹那の、細胞の一斉の反響によるものとしか考えられない。しかし、このような集団的反応とは別に、触角による個人的言語が介在することも疑いの余地がない。

ジョン・ラボック卿は、この問題に関して綿密で明確な実験を行なった。たとえば、次の実験法は追証しやすい。まず巣から等距離に二つの小さな器を置く。一つには五〇前後の幼虫かサナギを入れ、他の一つには三つか四つの幼虫またはサナギを入れる。ついで双方に一匹ずつのアリをはなす。するとただちにそれぞれのアリは幼虫の一つをかかえて巣へ持ち帰る。間もなく、運び去られた幼虫の数だけを再び入れてやる。すると、五〇匹の幼虫を入れた器には三匹を入れた器より三～四倍も多いハタラキアリがやってくる。以上のことからわかるのは、二つの器の一方には他方より緊急を要する仕事が多くあることを、最初のアリたちが彼らの仲間に知らせたにちがいないということだ。

同じ著者による別の実験をもう一つ挙げよう。彼はたえず幼虫を巣へ運搬することに専念している一匹の小さなトビイロケアリを観察した。夕方になってこのアリをガラスに閉じ込め、翌朝に解放してやると、アリはただちに仕事を再開する。九時になったらふたたび幽閉し、四時に幼虫の近くに放った。ところがそのアリは幼虫を注意深く調べてはみるのだが、置き放したままで巣に帰る。このとき、他のアリは巣の外に一匹もいない。一分もたたないうちに、そのアリは八匹の友といっしょにまっすぐに幼虫が堆積されているところへ向った。彼らが道程の三分の二まで来たとき、観察者は例のアリをふたたび閉じこめた。他のアリたちは数分ためらった後で、驚くべき早さで巣へ引き返してしまった。

五時に例のアリをふたたびこの幼虫のところへ置いてやったが、アリは一匹の幼虫も手にせずに巣へ帰った。しかし、数秒間巣にいただけで、一三匹の仲間をともなってやってきた。彼らはみな実例以外の方法で情報をえたにちがいない。というのは、この目印をつけたアリは一匹の幼虫も彼らの前に運びはしなかったのであるから。

これは単に触角の働きだけで説明できるだろうか。どうもそうらしい、ほとんど断言しうるだろう。ただし反対の実験を行なうことは不可能である。なぜなら触角を除去されたアリは方向感覚を失い、幼虫をも巣をも見つけ出すことができないのである。

III

意志伝達を確認したこれらの実験のほかに、ラボックは多くの実験を試みた。幼虫を目の前にした各種のケアリ属のアリのあらゆる動作と行為を、一分刻みに何日もかけて追究している。たとえば、朝の九時から夕方の六時まで観察がつづけられた彼の実験の示すところによれば、一匹のアリが幼虫の入った鉢から巣まで九〇回も往復旅行を行なった。アリは一回の旅ごとに一匹の幼虫を運び、帰りはいつも単独であった。同じ条件の下でも、旅行の回数はアリによって五〇回、八〇回などさまざまであったが、やはり同伴者はなかった。自分だけでその仕事には十分であると判断して、仲間に知らせることは不必要だとみなしたのであろうか。一方、七〇本のピンを用いた実験は曖昧な結果を残した。この実験の詳細を述べるには何ページにもわたるが、ここでは次のことだけを知っておけば十分であろう。コルク盤に刺した七〇本のピンのうち、三本の尖端に蜜を塗ったボール紙の小片を固定しておく。五日後の最終的統計によれば、一五七匹のアリのうち一〇四匹が蜜のあるピンのところへ行き、五三匹が蜜のついていない残りの六七本のところへ行った。しかし、蜜のところへ行ったアリは、周知のように、彼らのきわめて鋭い嗅覚によって蜜の匂いに導かれたものではないだろうか。ありうることである。

IV

触角によることばは、いたって初歩的なものにちがいない。なぜなら、彼らはこの会話で意を通じえないときは、実例や直接行動に訴えるからである。アリは説得しようと思う相手をむりやり誘い出し、進むべき道を進ませ、なすべきことをその前でして見せる。そのうえ触角言語がさして複雑でもなく、厳密に言えば感覚交換にすぎない何よりの証拠には、寄生昆虫——とくに、アリと何の共通点もなく、アリを蝕み、アリのおかげで贅沢な暮しをしているエーテル分泌の甲虫類——も、その宿主と同じくらいこの言語を話し、理解するのである。したがって、これほど容易に習得できる言語をあまり重要視すべきではないが、といって、上記のジョン・ラボック卿の実例が典型的に示しているように、この言語の力を過少評価することもできない。

いずれにせよ、伝達の問題はアリの社会においてもっとも見透しがたい問題の一つである。巣の建設や防禦、仕事の分配、軍事行動、幼虫の世話、極度に複雑なキノコ栽培、家畜の飼育、放牧、および保護、長い葉の縁がはね返すのを固定するために紡績アリによって作られる鎖、これらの状況のもとでのアリの全員一致の素早い協力態勢は称讃に値いする。相互理解、忠告や命令の交換、共同計画の遂行がアリにとって可能であると考えないかぎり、このことは説明されそうにない。

しかし、その一方で、主に荷物の取りあつかいをめぐって、しばしば統一を失い、無益で愚かな騒動、驚くほどの無思慮さ加減が、彼らの知能を疑わせることがある。長期にわたるたゆまぬ実験の結果、非の打ちどころなく厳密な観察者V・コルネは次のように結論をくだした。アリの世界に相互扶助は存在せず、互いに手を貸すどころか、執拗に妨げ邪魔し合う。いわゆる「アリ塚の精神」は巣の外では、少なくともやっかいな重荷を運搬するような場合にはまったく発揮されない、と。

彼の結論にうなずくには、アリの巣の周辺で起こることを観察するだけで十分であろう。しかし、アリの一致協同が保たれているということも間違っているわけではない。思うに、ある物体を運ぶような場合には、アリは正気を失っているにちがいない。これはあたかも、われわれがアリをながめるように、高所から冷静にわれわれをながめる眼には、多くの場合、われわれが至極当然と信じてすることでも、無分別な、気狂《きちがい》沙汰のようにうつるであろうのと同じである。このような眼から見るなら、たしかにわれわれの行動、われわれの文明には、不可解な、マトをはずれたことがたくさんあるにちがいない。しかも、このような重荷をめぐって起こる彼らの狂乱は、ほんの一時的なことである。しんぼう強く観察をつづければ、彼らが目的地に到達し、藁片や木片、いかに大きすぎる虫でもかならず巣の中へ運びこまれるのが見られる。このような場合の彼らの不条理は、日頃の彼らとはちがって観察者を驚かせる。しかし、このことはわれわれが自然の説明不可能な罠や悪意を目の前にしたときと同じ困難にアリも遭遇するということではなかろうか。

次元の異なるその他の多くの観察と同様に、これらの観察から、とくに次のことが目立つ。集団としてのアリはしばしば一種の天才を発揮するが、単独では集合的魂の鼓吹を受けないため、その知能の四分の三を失う、ということである。

この疑問の究明を期待するとして、とにかく、あらゆるデータが残らず手中におさまるような、かくも小さな問題ではあるが、その解決は実に容易ではない。この疑問をすこしでも照らすことは、彼方に潜んでいる大いなる神秘発見の曙光を見出したのと同じ誇りをわれわれに感じさせることだろう。

V

この協力の問題に関連してアリ塚の道徳問題を思い起こす。初期の観察者、ラトレーユ、ルプルチエ・ド・サン・ファルジョーたちは、アリが傷兵を助け、病人や負傷者を世話し、手当てするのを見たと主張している。もっと慎重なフォレルによれば彼らは軽傷者には関心を示すように見えても、重傷者は巣から運び出し、その運命のなりゆきにまかせると指摘した。この点について体系的な実験を行なったジョン・ラボック卿は以下のようなことを認めている。ハタラキアリはたいていの場合、仲間の不幸にはまったく無関心で、仲間が罠にかかったり、溺れかけたり、土砂に埋もれて、ほんの少し助けがあれば命が救われる場合でも、救援に駆けつけようとはしない。

このような行動において、アリはわれわれに近く、また他人の不幸に無関心であるという点でミツバチやシロアリからは遠い。ミツバチは死んだものはすべて無慈悲にも巣の外へ投げ出す。シロアリはすぐに貪り喰ってしまう。アリはわが食人種よりもつつましく、たとえ死体であろうと喰うことはない。

アリ塚にあっても、われわれの社会生活におけると同様、世の博愛家たちを嘆かせることがある。福音書に述べられているように、行き過ぎる者たちの中に、善きサマリア人が立ち止まることがある。それは人間社会とアリ社会のどちらが稀れであるのか。意見はまちまちである。いずれにせよ、このような場合があることに間違いないようだ。しかし博愛が普遍的であり、本能的であると仮定した場合よりも、きわめて異常であり、例外である。なぜなら彼らを指導する有機的法則はただ一つで、これが人間に見るような努力をはらわずに博愛を命じ、不可避的に無意識に博愛ならしめるのだから。

アリについての研究書のどこにでも見出せるような周知の事実について言及するのはやめる。

いくつかの例を暗示するにとどめておこう。触角なしに生まれついた哀れなクロヤマアリが異種族に攻撃されたとき、同胞が彼を巣へ運びこむ。起き上がることも、食事をすることもできない不幸なアリを仲間が扶養する。われわれの実験の犠牲となって酔い倒れたハタラキアリが仲間の手で住居に収容される。不注意で踏みつぶされたキイロケアリの女王アリを、その臣下たちが数週間にわたって、なお彼女が生きているかのように世話をしつづける。そのほかにも、ユベールは五〜六匹のハタラキアリが数日間女王の屍のかたわらに侍して、たえずさすったり、なめたりしつづけるのを見て、優しく言う。彼らは君主に対する愛情の一部を保ちつづけているためか、あるいは彼らの看護によって主君を甦らそうと望むのか。

それぞれの観察者によって確証された諸例について見ても、アリ塚の細道には、人間の道のうちでもっとも多くの博愛家が往来するジェリコのエルサレムの道よりも、さらに多い博愛家が旅をしていることがわかるだろう。

ただし、これらの事実の各々をもっと綿密に調べてみると、触角のない小さなクロヤマアリ、仰向けに寝こんだままのアリ、酔い倒れたハタラキアリなどの場合は、フォレルの指摘のように、アリは共同生活にふたたび役立つ負傷者や病人にかぎって関心をよせることを示している。踏みつぶされた女王アリやユベールのいっている女王については、彼女の周囲の侍たちが彼女の死を確認するまでには、そうとうの時間がかかるのだということは、いかにもありそうなことである。

しかし、以上のことを受け入れたうえで、人間にあってはどうなのだろうと考えてみよう。慈善とか仁愛とかは人間界を除いて、自然には微塵も存在していない。しかし人間の慈善はおそらく未来の生活に対する利己主義的な投資から生まれたものであろう。だからといって、あえて人間を責めようとするのではない。人間はその血の一滴一滴に刻みこまれた命令に従っているまでのことである。しかも、およそ生あるものは、アリ、シロアリ、ミツバチの一部を除いては、その存在中に息づいているはずの自己保存のための至高の、普遍的な最高の法則に従おうとするかぎり、すべてはこのようにあらざるをえないのである。しかし、死後の生についての信仰が弱まりなくなる前に、人間の慈悲は遺伝的習慣に変化する時間があったので、それは一種の贅沢な二次的本能となった。この二次的本能が発現するときはきわめてまれではあるが、この蓄積が渇れてなくなったときは、われわれはいったいどうなるのか。たがいに愛し合い、少しの間でも自分より隣人を愛するような他の理由をほかに見出すであろうか。それは可能である。何ごとも到達点、終りがあるのだから。しかし、われわれがこの理由を求めえるまでには、きわめて長い年月を必要とするだろう。そして、その前に、人類社会は滅亡してしまうか、少なくとも一からやりなおさなければならないほどまでに損われるであろう。

もしアリが反吐の慈悲を知らないならば、彼らは天国をも地獄をも期待しなくなってしまった人間の姿に似ていることであろう。しかし、彼らアリたちには反吐の慈悲があり、これが彼らの快楽であると同時に、自らがその一部を構成している集団、それなしには自己の存在もない集団、拡大拡張された自己の生を代表している集団に対する愛が彼らの基調をなしているのである。この感情とわれわれのいわゆる慈悲とのあいだに、どれほどの縁があるというのか。むろん、それを理解することは、われわれには不可能である。

VI

難解な問題のあつかいついでに、同じように楽観を許さない方位感覚の問題に着手しよう。

誰もが知っているように、多くの動物、とくに伝書鳩や渡り鳥は特殊な感覚をそなえている。前者は何百キロメートルも離れた地点からもとの巣に戻ることができ、後者は海を越えて他の大陸の棲み慣れた場所や巣へ舞い戻ることができる。今日ではこの感覚は耳の三半規管に存在すると見るのがほとんど定説となっている。この三半規管が方向探知機のはたらきをし、既知のそして未知の波長をキャッチするらしい。

陸上動物、たとえば馬とか、さらにはエスキモーやサハラ砂漠の遊牧民のような、ある種の人間でさえも、類似した感覚を授けられているらしいが、あまり発達してはいない。これもまた、三半規管の作用に帰するのだろうか、それとも、いわゆる「エクスナー能力」と呼ばれる「体の正中線にある空間位置感覚および記憶力」に帰すべきか。いったい、この能力というのは、モリエール芝居の阿片の「催眠力」のたぐいのように聞こえはしないか。それとも、もっと単純に無意識の視覚的、嗅覚的な記憶があるにすぎないのか。もしくは標識が存在するのだろうか。あるいはまだわれわれには思いもつかず、それを知りえた人でなければ説明不可能な何かがあるのだろうか。三半規管をもってしても、なおかつ脱け出すことが容易でないこの迷宮に踏みこむのはやめて、アリの観察から学んだことを摘要するだけで満足するほかはないだろう。

ミツバチやスズメバチの方向感覚がほとんど視覚に限られていることは認められている。しかし、ほぼ盲目に近く、三〜四センチより遠くは視力のきかないアリについては事情が異なるにちがいない。ジョン・ラボック卿が巣の附近で行なった緻密な実験の結果によると、同じような状況下のわれわれに比べて、アリの目の使用はきわめて少ない。しかしながら、ある程度までは視力によって導かれている。他方、ボネー、ファーブル、ブラン、コルネッツが、アリの体を切断したり、追い散らしたり、水に浸したり、臭いを消したりする実験を重ねた結果、以下のように論じている。嗅覚もやはり方向維持のためには副次的な役割しか果たさず、アリはしばらく模索した後に、いわゆる「臭いのレール」を完璧に連結するのである。

アルジェリアの烱眼《けいがん》な観察者V・コルネッツの最近の実験によると、旅行経験のないアリを巣で捕えて遠くに連れ去ると、まごつきながら歩き廻るばかりで、巣に戻ることができない。反対に、巣の外にいるアリに食物を入れた皿を差し出し、ハタラキアリが胃袋を満たしている間に、その皿を日陰にでも日向にでも移動し、さらに皿を北から南へとそっと半回転してみる。するとこのアリは北を見失わず、まっすぐ巣に帰る。知らないあいだに逆向きにされたことなど気にもとめず、アリは正しい方向を追ってゆく。この試験ならびにこれに類似する他の試験をくり返してみても、アリを誤らせることはほとんどない。V・コルネッツはここから次の公式を引き出した。「帰巣能力は探検の往路に依拠するものであって、視覚、触覚、嗅覚による記憶に負うのではない」

しかしながら、アリに道を迷わせることは可能である。たとえば南から北へ向って帰路についているアリにえさを近づけ、アリがそれを味わっている間に巣の反対側に彼自身を半回転させておく。するとアリは南から北へと方向をもとに戻して、巣を通りすぎたことに気づかず進み、巣に背を向けて、あくまで北へ進みつづける。こうしてすっかり道に迷ってしまう。しかし、このような悪魔的な罠にまんまと落とし入れることなど、いったい誰がするというのか。

VII

この能力は何に起因するのか、いかに説明すべきなのか。難題が始まり、難題がくり返されるのはここである。私はあえて詳細な理論に入るつもりはない。なぜならそれは異説紛々として錯綜をきわめ、しかも多かれ少なかれ巧妙な仮面に隠れた無知を告白するのがおちであるからだ。巣を思い出させる記憶要素とか、あるいはアリは巣を背後にするように体の軸をおき直すことによって、出発点を想像する力をもつとかが、つぎつぎと持ち出される。これは問題を変形したにすぎない。「帰巣本能」などといってみても、単なる言葉の遊びにすぎない。あるいは、ある軸に比例して距離を加減しながら歩くというが、いまだにこの軸の存在は立証されていないのである。さらには太陽を視覚的基準とする向日性や屈光性が主張される。もっとも不透明な物体でも通過する放射線が存在するのだから、太陽光を直接浴びない日陰でも闇の中でも通用する。この点に関して想起すべきは、アリは紫外線をも敏感に感じているということである。

一方、ラボーは語る、「いずれかの方向に出発したアリは、どうもこの偏極の事実から自らの位置を知るように思える」――これはまた、問に対して答えるのに他の問をもってしているにすぎない。コルネッツはフォレルの「化学地形図」を発展させている。これは単なる嗅覚によるものであるとする。アリは物体を離れても臭いを感じる。たとえば凹凸のある臭いがあるとすれば、三次元もしくは四次元の臭い、つまり立体的に臭いというものを浮彫のように知覚できるというのである。したがってアリは「臭いによる化学的地形図」を有していることになるだろう。これによってアリは、遠方から臭いの発散を感じ、空間におけるその物体の形態を詳細にわたって知覚するものと説く。さらにブーヴィエはつけ加える。「この化学的地形感によって、彼らは形態と形態間の関係を認識し、一つの道の往き帰りの足跡、右側と左側の相違を識別することができ、その結果、進むべき方向を見きわめることができる。フォレルの観察したハタラキアリは、眼に不透明なニスを塗られても、しばらくまごついた後で正しい道を見つける。触覚を切断されると、彼らはまったくこの能力を失う。嗅覚はこの現象において視覚よりもはるかに重要な役割を果たしているのである」

VIII

何ごとも黙殺しないために、「内的記憶」についても忘れずに述べておこう。ここで話はふたたび三半規管に戻る。だがアリの小さな脳髄には、この三半規管は備わっていないように思われる。しかし、触覚やコルネッツのいわゆる「角度感覚」、ボニエの「姿勢感覚」がその代りをつとめ、誤差を修整して、もとの方向と平行に進ませる。だが、この感覚の本質はどのようなものなのだろうか。われわれはたえず同じ疑問にぶつかる。それというのも、これら種々の仮定がつねにこの感覚の本質をもとめること自体から発しているからである。なおもコルネッツの観察によると、アリは方位感の連続を中断されても方向を間違えずに維持することができる。これについてはラボックの実験によっても証明されている。

さらにピエロンの「筋肉記憶」を忘れてはならないだろう。すなわち「ある地点から他の地点まで行くときの運動による種々の記憶、もとの場所へ戻らせる復帰的な記憶」である。フランは、ピエロンの実験を追試した結果、次のようにいっている。「アリはあたかも旅行の絶対的方角を読みとれる羅針盤と、途中のいくつかの地点で踏破すべき距離をたえず指示している足歩計を持っているかのように行動する」

私にはむしろ、アリ自身が巣の方向を示す羅針盤、もしくは磁針であると思われる。この羅針盤、もしくは磁針は巣の中では動かずに磁気をぬかれて休息している。しかし、旅行の際にふたたび磁気が取りつけられて、超磁気的、あるいは擬似磁気的な特性を現わすのではないだろうか。われわれの世界とこれほどまでに異なった世界には、われわれがその存在を疑ってさえみない力、われわれの磁気や電気に似た力がないとは誰にもいえないのだ。

明らかに、以上のことがらはみな、ひじょうに複雑に思われる。しかし、おそらくアリにとっては、きわめて簡単なことなのであろう。アリの器官とわれわれの器官との類似は、表面的なものにすぎない。

しかも、ここにこそ問題があり、われわれはいまだに大海の中をかろうじて泳いでいるような始末である。以上のことを見ても、このような小さな生活の奥に、どんなに不思議な秘密がうごめいているものかがうかがわれる。

7 章

牧畜

蜜を求めて歩き廻る一匹のアリが、
たまたまアリマキの一団のそばを通り過ぎたとき、新時代が始まった。

今日われわれが洞窟の中の遺跡によって想像を馳せることができる原始人よりも、さらに数千年も昔の原始人は、家畜を持っていなかったといっても過言ではあるまい。彼らは木の根や野生の果物、軟体動物、狩の獲物だけで生活していた。何千年も経て、無数の試行錯誤と緩慢でまだはっきりとしない反省を重ねながら、いくつかのおとなしい獣を捕え、飼い馴らし、牧舎に囲い、世話をし、これらから乳や毛皮や肉を供給させることができるようになった。当時から彼らの生活はやや安定し、いつも疲れ果ててしまうようなその日暮しではなくなってきた。彼らは、日々苛責ない死の脅威と生のあいだに、一種の安全地帯を発見した。こうして、たえざる飢餓に苦しめられる狩猟採集時代に代わって、牧畜時代が始まった。

ある種のアリの進化にも、これに似た発展段階が認められる。戦争や狩猟や掠奪や泥棒や採集にとどまっていて、生活の糧を毎日の不確実な獲物に求めている他の大部分のアリに較べて、これらの牧畜種のアリは知識が進んでいるのだろうか。それとも、他のアリの気づかなかった点に彼らの注意を向けさせた幸福な偶然にのみ、この進歩は由来するのだろうか。この着想が初めて生じたのは何時代なのか。われわれには何もわかっていない。アリの歴史のみならず、われわれ自身の歴史についても同様にわかってはいないのだ。牧畜種の多くの標本、とくにケアリ属のアリが木ジラミを飼育している標本がすこしばかり、琥珀の中に発見されている。それゆえ、第三紀よりはるか以前、すなわち人間が地球に現われたよりも何千～何百万年も以前に遡らなければならない。しかしその資料はない。

われわれの世界で起こることから想像すると、牧畜の発見は、ある日偶然の機会から生じたものらしい。日々の蜜を求めて歩き廻っていた一匹のアリが、たまたま軟かい緑の小枝の先端に集っているアリマキの一団のそばを通り過ぎた。甘い美香の触角をつき、彼の小さな脚は快く一種の美味な露にぬれた。この奇蹟的に発見された贈り物は無尽蔵に思えた。彼はさっそく社会袋がはちきれるほどにつめこみ、いそいで巣に帰る。巣では、儀礼となっている反吐の痙攣と興奮のうちに、無限の豊富と喜びの時代を保証するこの偉大な発見の反響が拡まってゆく。触角をふるわせて対話を交したあとで、全部のアリが長い列をなして、驚異の源泉へと向かう。新時代が始まるのだ。彼らは自分たちを助けてくれる者のいない世界の中にいながら、もはや孤独ではなくなった。

II

このお手本は無駄ではなかった。しかし、アリの大部分は、この例を真似なかった。それは、種族、知性、慣習、食物の好みの問題だったのだろうか。われわれはアリの心理、動物界における「世界霊《アニマムンディ》」の思考と意志をさえ発見することができる。家畜飼育を行なったことのない種族のアリを、奴隷か共生者か同盟者の資格で、牧畜種族の養子にむかえさせたら、いったいどうなるのであろう。前者が後者の真似をし、その仕事に参加するであろう。しかしその後、この両種族を完全に引き離したなら、どうなるだろう。彼らは人間のように有利と知った新方法を採用するだろうか。彼らのうちの産卵雌の一匹が新しいコロニーを建設したとき、子供たちは蜜の出るアリマキのところへ行くであろうか。

同様の実験をこれから述べようとするキノコ栽培アリや紡績アリについても試みることができよう。栽培アリの奴隷や同盟者となった養女は、キノコを栽培し始めるだろうか。紡績アリの共産者は、単独になっても、かつて彼らの目の前で操縦されているあの不思議な、みごとな梭を、自分たちのために利用しようと気づくであろうか。これらの実験は従来も盛んになされたが、いまなお試されていないものがたくさん残っている。未知の領域はかぎりがないし、これからもそのことをしばしば痛感するだろう。

いずれにせよ、これまでにわかっているように、すべてのアリが偶然の大発見をそのまま機械的に利用することに満足しているわけではない。人間と変わらぬくらい巧みに、大発見に改良を加え完成したアリもいる。彼らはまず巣の周辺で草を食べている家畜類は自分たちの所有物であると確信し、これらを集め、囲い、世話をすることを知る。そして定期的に乳をしぼる。しぼるというよりはむしろ愛撫して甘い排泄物の増収をはかるというほうが近い。というのも、この乳しぼりは乳房から乳をしぼるのではなく、あまり牧歌的とは言えないのだが、肛門からの分泌作用を促進し、容易にすることとなのである。彼らは家畜を選別し、同じ小動物から一時間に二〇から四〇滴の甘い蜜をえるようになった。細かく配りながら、忙しそうに、彼らは休みなく巣とアリマキ群とのあいだを往復する。ちょうどわがノルマンディー地方の牧人が農園と牧場とのあいだをそうするように。牧畜アリの中でもっとも未開な者は、家畜の周囲を警戒していて、蜜を盗みに来る者に対しては、彼らの大鋏を振りあげて威嚇する。自然資源の獲得と生存のための闘争は、われわれの世界と同じくらい不屈で、熱心で、その歴史もわれわれよりはるかに古いのだ。一方、もっと実利的な者、たとえば、わがトビイロケアリなどは、家畜の逃亡を防ぎ、取りあつかいを楽にするためにその翅を切断してしまうという着想をえた。あるいは、家畜を柵で取り囲み、尾根つきの道を設けて、雨の時の避難所を準備する。また、アメリカのシリアゲアリの一種(*Crenastoguster Pilosa*)などのようにアリマキを大好物にしているテントウムシの幼虫から家畜を守るために厚紙の籠を造る者もある。さらに用心深いアリにいたっては、巣の中に家畜小屋を造って、ここにアリマキを棲まわせ飼育する。アメイロケアリ(*Flavus Umbratas*)はさらに進んでいる。このアリはシロアリと同じく日光を恐れ、日中はほとんど外出しないのだが、彼らはある種の草や木の根のみで生活している自分たちと同じ好みのアリマキを発見した。彼らは必要に応じて、地中にトンネルを掘ってこれらの根を遠くまで探しに行き、巣の奥にしつらえた小屋に運びこみ、闇の中で共に幸福な生活をしている。

さらに驚くべきことがある。ピエール・ユベールが他に先んじて着眼し、この後モルドウィルコやウェブスターによっても確認されたところによると、キイロケアリはアリマキの卵を集め、その子孫を養育し、災厄に際しては、自分たちの子孫だけではなくアリマキの子供たちをも救い出すために全力をつくすのである。

IV

アブラムシやカイガラムシといったアリマキの類だけがアリの家畜ではない。ある種の小さな跳ぶ昆虫も家畜化されているが、ただそれらの昆虫を並べたてるだけでは説明不足であろう。なぜなら、いくつかの種のアリが、蜜を分泌する青虫、おもにわが国の百眼模様のアルグスというチョウの祖先に当るシジミチョウ（*Lycaenéides*）を利用し、上前をはねている。彼らにとっては巨大で奇怪な馬にでも相当するこの幼虫にまたがり、そしてこの空想的な無頓着な妖虫がのんきに食事をしているあいだに、好物の甘露を排出する下腹部を触角で愛撫するのである。アリは個々に、ときには隊列を組んで、この乗馬に近づこうとする寄生虫から、あるいは人間にさえ対抗して熱心に警護する。ウィリー夫人の観察によれば、インドでは雨季の来る前に、アリたちは青く美しいチョウとなる青虫を求めて出発し、その青虫を数百匹連れ帰って、彼らの地下の広間に泊め、そこでサナギの長い眠りを見まもり、まるで変態の神秘を理解しているかのように、脱皮するのを手伝い、完全な成虫となるまで世話をする。

　ある蟻類学者たちは、これらはすべて偶然の所産、それも幸運な偶然に始まり、徐々に変形したものであると主張している。獲物を求めて探検に出たアリが、たまたまアリマキに出逢う。甘い匂いに惹きつけられて、無遠慮にアリマキに触れ、味見をして、その美味を知る。アリがふたたび戻ってきたときには、仲間が後につづいて彼を真似し、この風習が拡まり、確立して、やがては本能となる。この考えは完全に擁護できる。

　たしかに、未知の領域においては何でもいえるだろう。しかし、何かをいうことは勇気のいることなのだ。それにだいたいほかに何をもってわれわれが、このような解釈に抵抗することができるであろうか。

8 章

キノコ栽培アリ

未来の都市の創設者は結婚飛行に発つとき微細な菌糸の塊を携えて行き、
自分の部屋に播き栽培する。

I

この章でアリはシロアリと出合う。周知のようにシロアリはセルロースだけを食べて生きているが、セルロースを消化することはできない。そこで、あらかじめ腸内に何百万と棲まわせている原生動物にセルロースの予備的消化をまかせる。あるいは、巧みに調合した混合肥料の上に胞子を播いて栽培した小さなキノコにまかせる。こうして彼らは、巣の中央に、ちょうど食用キノコの専門家がパリ郊外の旧採石場で食用キノコの栽培をするように、入念に選別された隠花植物の大栽培をする。

地質学的にはシロアリよりもおそく地球に現われたアリは、キノコ栽培の着想をシロアリからえたのであろうか。弱体化して防備の手薄なシロアリの巣へ侵入したアリが、開発の進んだキノコ栽培場をそこに見出したということは十分ありうることである。アリが自分たちでキノコ栽培を創造したのではなかったとしても、少なくともその利点はわかっていたであろう。さらにアリはその食物を同化するのに原生動物やキノコを必要としないのだから、シロアリにくらべればそれだけで十分優位にあるのではないだろうか。つまり、彼らが知的能力の活動を極限にまでおしすすめ、不可能に近い奇蹟を完成させたのは、生存のための必要からではなく、地下都市の中心に豊富で衛生的な、つねに新鮮な食物を確保するための実用的な手段にすぎないのだ。

いずれにせよ、キノコ栽培アリはシロアリとは異なり、隠花植物を栽培していることを指摘しておこう。シロアリはハラタケとマメザヤタケ（*Xylara*）しか知らず、これらはアリの巣には見出せない。したがって、アリが苗床に播いた胞子は、シロアリの巣から取ってきたものでないことは確かである。

II

ヨーロッパにはキノコ栽培アリはいない。アメリカの熱帯地方にだけ発見されている。ベルト、モエラ、フォレル、サンパイオの最近の研究、および、つい昨日のことであるヤコブ・フーバーやゲルディの近年の発見があるまでは、これらのアリがキノコを栽培していることは知られていなかった。最初にこれらを観察したマック・クックの意見にそって、アリは単に、ある種の樹木の葉を摘み取ったり、截断するのにだけ関心を示すのだと思われてきた。このために、四〇年ほど前の研究書、とくにエルネスト・アンドレの優れた著書にいたっても、依然として葉切アリ、訪問アリ、イモノキアリ、パラソルアリ、サウバなどと呼ばれているのである。

キノコ栽培アリは葉切アリ族（*Attinées*）の勢力のある一部に属し、長い脚を持つ大きなアリで、形に著しい多様性をもち、利口であると同時に大食漢でもある。彼らは特殊な進化をしたもので、おそらくは旧大陸と新大陸を分かつ大異変以前に、すでにアメリカ大陸となる部分に移り棲んでいたヨーロッパ種のアリの子孫なのであろう。彼らは自ら栽培したキノコだけを食物としている。したがって、彼らの生活は地下の農園と緊密に結びついている。一方では、彼らのキノコ、すなわちロジテス・ゴンギロフォラ(*Rhozites Gongylophora*)、少なくとも彼らの菌糸の先端にできる一種の特殊な小球である「コールラビス」は、アリの介在なしには生産されないものである。未来の都市の創設者は、結婚飛行に飛び立つとき微細な菌糸の塊という形で一片の生地の土を携えて行き、自分の部屋にこれを播き、栽培する。後述するように、女王アリは最初のうちこの隠花植物に自分の体をわかち与えて養う。すなわち、腹部に入っているものすべてと、きわめて強靱だが少しずつ消えてゆく筋肉と、そして、結婚の後で離れ落ちた翅で養うのである。

III

ハタラキ・アリ属(*Attas, Attinis, Attinées*)と呼ばれるアリの巣には、三種類のハタラキアリがいる。体長一六ミリメートルを超すほどの巨大なハタラキアリは、一切外出せずに、入口を警護し、中くらいの大きさのハタラキアリは葉を切り落とし、刻み、区分して倉庫へ入れる。もっとも小さいアリは、つねに巣を離れず、胞子を播き、堆肥を蓄積し、キノコの苗床を作る。

この混合肥料は実に手のかかるものである。彼らはこれを咀嚼し、捏ね、固め、彼らの排泄物や澱粉質の物質や、いもの木の実の力を借りて、醗酵を促し、腐葉土にしなければならないのだ。読者は食用ハラタケを栽培したことがあるだろうか。これはキノコ栽培便覧の主張に反して、思ったほど容易ではない。これらの便覧によれば、馬の寝藁を敷きつめ、そこに菌糸をさしこんでおきさえすれば、数日後には魔法使いの合図を待っていた地中の精のように、いたるところから白く小さい頭が顔をのぞかせるという。ところがどうだろう！　一〇回のうち五、六回は何も出てこない。寝藁が熟し足りなかったか、温度が高すぎたか、菌糸が若すぎるのか、古すぎたか、二次的醗酵が生じたか、嵐のために胞子が不毛になっていたのか……。ようするに、これは実践——すなわち、観察、反省、不成功の原因の追求、漸進的改良、温度や水はけや光や換気の研究等々——を積むことによってしか実現できないことなのだ。

われわれの大きくたくましい食用キノコより、彼らの栽培する隠花植物は微小で、きわめてもろいだけに、その栽培も容易で、それほどむずかしいものでないだろうと思われるだろうか。

ブラジル赤道地方のキノコ栽培アリである葉切りアリ属の仲間の菜園の準備方法について、興味深い観察を提供してくれるのは、ドイツの蟻類学者アルフレッド・モエラーである。彼の研究によれば、さらに同じキノコ栽培アリでも、その種類がちがえば、栽培方法もそれぞれ相違があって、この行為が単純に本能的でも機械的でもないことがわかる。

巣に到着した葉切りアリの一種は、その大顎を鋏のように用いて、まず葉を彼らの頭と同じくらいの断片に切り、次にそれを掻きむしり、こすり、柔らかくして一つの球状にする。これを脚と頭を使って適当な場所へ押し込める。数時間後には白い菌糸がつき、午後には朝置かれた小球のまわりを覆う。しかし、この細長い菌糸や胞子も食料になるのではなく、「コールラビス」と呼ばれる小さな球状の塊が食料になるので、これはもっぱらアリの栽培のみによって産出されるまったく独特なものなのである。

この産物をえるには、何よりも菌糸の過剰な繁殖を防がねばならない。そのために小さい方のハタラキアリは、たえず菌糸を除去することに専念している。ときにはハタラキアリの数が足りず、侵略者である菌糸の氾濫に対抗できないことがある。そうなると窒息してしまうまえに、菌糸の災厄からのがれるために、幼虫をつれて森へ逃げ出さなくてはならない。アリが脱出した後は、「コールラビス」は破壊され消滅し、特別製のキノコ栽培地は、自然の野生のキノコ繁殖地になってしまう。それはちょうど、放置された庭園に雑草がはびこって、栽培されていた花を呑みつくしてしまうのにも似ている。

これを見てもわかるように、アリのキノコ栽培は、人間の偉大な庭師の勝利の産物である大輪の菊や、ある種の蘭の栽培と変わらぬほど、複雑であり、知識を必要とするものなのである。それが昆虫によってなされるものだからという理由で、発明、経験、理解力、理性、知性などは問題にする必要がないとどうして言うことができるだろう。

IV

それは本能によって種のうちに定められた習性にすぎないと反論する人もいる。私はこの場合にも、その説明は容認されるべきでないと思う。習性であるとしても、それはある日なんらかの意識的行為によって始められ、徐々に形成されたものにちがいない。たとえば、肥料の経験だが、これが植物の生長を促進するということをたしかめるのは、人間の場合でもアリの場合でも先天的なものではないと私は推定する。アリはところかまわず排泄するので、彼らの栽培に偶然に有利になっているだけであると言う人もあるだろうが、それは間違っている。他のアリと変わらず、キノコ栽培アリも不要な塵芥、あらゆる汚物を巣の外に運び出すことに細心の注意をはらっているのだ。彼らほどの清潔好きはいないし、その地下都市ほどよく整頓されているものはない。だから、彼らがここで行なっていることは、意図的に行なっているのである。ヤコブ・フーバー博士の撮影した現場写真が明瞭に示しているところによれば、一匹の葉切りアリは前脚の間に一本の菌糸の断片を掴み、腹部の先端にもってゆく。あらかじめ曲げられた腹部から一滴の分泌物が排出され、たちまちキノコの菌糸に吸収される。ヤコブ・フーバーはこの作業が一時間に一、二回繰り返されるのを見たという。
真相をいえば――アリの行為の多くについても同じことが言えるが――われわれは、何らかの霊的重要性、宇宙における何らかの例外的役割、何らかの不死性に対する漠然とした大きな希望を人間がその知性や道徳的性質によって抱いているのと同じように、それらを有する存在がこの地上に人間以外にもいるということを認めたくないのだ。われわれのみが万物の霊長であると信じている特権を彼らが分ち持つことができるということが、われわれの数千年にわたる幻想を揺さぶり、われわれを侮辱し、勇気をくじく。アリが生まれ、生き、素朴な義務を果たし、そして何の痕跡も残さず、誰からも看とられることもなく、ただ死という目的に到達するために、何千万匹と消滅していくのをわれわれは見るのである。われわれにあってもまったく同じであるとは認めたくないのだ。むしろ、彼らはまったく愚かで本能的で、不随意的で、無意識であったと言いたいのだ。しかし、いつかわれわれと共にこの地球に生きているすべての者がこれまでにそうしてきたように、いつの日にかわれわれも生き物の宿命に甘んずることを知るだろう。これこそが、生きとし生けるものの最終的な理想であろう。われわれがこのことをしっかりと知るときが来たなら、おそらくわれわれは、人間ばかりではなく、すべての生命が、等しく偉大であり、いつわりなきものであることを実感するであろう。

V

葉切りアリ族のアティニスは大きな連合巣に居住していることがある。フォレルがコロンビアで研究したところによると、その主要部分の直径が五、六メートルもあり、高さは三フィートであった。この巣は堆土のそばに築かれ、母屋から二〇〇〜三〇〇歩離れた所に位置する付随的住居に取り囲まれている。この強力なアリの犯す攻略はシロアリのそれに匹敵し、旺盛な熱帯植物の繁茂するところでなければ実に人間の都市も荒廃に帰してしまうであろう。彼らの攻撃を受けた樹は姿を消してしまう。葉柄から切り取られたすべての葉は、根元に落ち、下にいた他のアリに受けとめられて、その場で運搬可能な大きさに截断される。アリたちは葉片の陰に隠れて——ここからパラソルアリという名が生じた——、えんえんと長蛇の列をなして巣に運ぶ。一時間以内にすべては終り、葉をむしり取られた樹は、骸骨と化す。つづいてアリは隣りの樹に移り、この樹も同じ運命に遇う。巣に納められた葉はさらに細かく切断され、複雑な加工過程を経て、地下農園の苗床となる。

もしこの菜園を人間の尺度にまで拡大できたら、これほど仙境めいたものはあるまい。私がカリフォルニアの友人の家で見たように、顕微鏡下に展開される海底または月世界の景色をちょっと想像してみてほしい。その光景の青みがかった遠景、そこには球状のものやうねうねと曲りくねった植物、不動の白い炎の藪、漂い流れる羊毛の房、純白の羽毛のような海綿、混雑、血の気の失せた幼虫の雑踏、鉛色の網、刻々増加する半透明の卵で飾られた星雲のような小枝の茂み、これらでいっぱいに満ちている。

最後に述べたいのは、アルゼンチンの珍らしい葉切りアリ族の一種であって、最近ブエノスアイレスのカルロス・ブルック博士によって研究された葉切りアリの一種(*Atta Vollemweideri*)である。このアリはキノコを地下の巣の奥に栽培せずに、外気のもとで巣の表面に栽培する。彼らの唯一の栄養源である巨大な隠花植物ロケリナ・マツッチ(*Locellina Mazzuchi*)——その笠の直径は三〇から四〇センチメートルにも達し、重さは三キログラムにもおよぶ——は、このアリの巣の上にのみ発見される。同様に、これほど大きなキノコではないがポロニオプシス・ブルキ(*Poroniopsis Bruchi*)は、それを常食とする別の葉切りアリ属の一種(*Acromyrmex Hegeri*)の巣の表面にしか発生しない。この点についても偶然の一致を持出し、意識的知的意図を否定することは困難であろう。

VI

キノコ栽培アリの都市建設は、ヨーロッパのアリ塚の建設と変わらぬくらい困難で危険に満ち、悲壮であるうえに、しかもキノコの栽培と離すことのできない関係にあるだけに、一層複雑なものとなっている。ヤコブ・フーバーとゲルディ教授はこの点に関して、モエラーの研究を補足し、完成した。彼らの観察は葉切りアリの一種（*Atta Sexdens*）を対象としている。

このキノコ栽培アリは地下の小さな住居に落ち着くとすぐに、菌糸の球を吐き出し、すでに述べた方法でこれに栄養を与えることにいそしむ。数日後に球は活動を始め、いたるところに菌糸、すなわち白く軽いうぶ毛を出す。キノコの苗床は口火をつけられ急速に広がってゆく。最初の卵はこの苗床に置かれる。この瞬間から、ハタラキアリが出現し形をなすまでの期間、母親アリ、幼虫、サナギ、菌糸球、それに卵自身にいたるまでが、卵を唯一の食料としている。これは不可避の徹底した完全な卵食生活である。「コールラビス」すなわち最初のハタラキアリによって栽培される菌糸体の球塊の消費が始まるまでに、母親アリは一時間に二個ずつ、総計約二千個の卵を産み、そのうち千八百個が全体の栄養摂取に費される。この間、母親アリは自分の産んだ卵以外に食べる物は何もない。幼虫やサナギにはなおのこと、彼女は「コールラビス」にも、その前身である菌糸体にも手をつけない。

無から生じるこれらすべての本来的な意味における創造の神秘とはいったい何であろうか。自分では二〇〇から三〇〇の卵しか食べないのに、自分の全体重に相当する二千もの卵の原料を母親アリはどこからえるのだろうか。空間を埋めつくす、永久運動に匹敵するほどのこの異常な増殖の謎とは何か。母親アリの外部に、彼女の生命を維持し増大させる未知の何物かがあるのだろうか。このような現象は昆虫世界にのみ起る。もはや疑いようのないこの神秘の解釈をどこに求めればよいのだろうか。今のところ誰もそれを発見してはいない。

9 章

農業アリ

彼らは巣の周辺に繁茂する草を刈り、開墾して円形の空地を作り、
アリ稲または針草を栽培する。

地下のキノコ栽培アリにつづいて、野外の園芸家も忘れてはなるまい。これはごく小さなアリで、五〜六種類あるが、例の無鉄砲な学名を列挙するのはひかえよう。彼らはおもにアマゾン川流域に棲み、樹の枝の間に球のような丸い巣を造る。ここに着生植物を植え付けているので有名になったのであるが、それは一見したところ寄生植物のようなラン科の小さな植物である。専門に研究したウーレによれば、このアリの巣は、花の咲いている海綿のようだという。彼はこの植物の種子が風や鳥によって運ばれたものでないと主張する。その理由として、この庭園はしばしばいかなる着生植物も見あたらない場所に作られ、しかもこの種の着生植物は彼らの作った腐蝕土以外では栄えないのだという。別の証拠として、彼らが好むこの植物から採れた果実を与えると、その汁を吸った後、種子を入念に巣へ植え付ける。

彼らがこの植物を栽培するのはその花を鑑賞するためではなく、偽寄生植物のからみ合った毛根によって、住居を強固にするためである。さいわいにも、彼らの住居として使われる土の球は、きわめて粘着力が強く、ひじょうに固いので、熱帯の豪雨にも、赤道直下の焼けつくような陽光にも耐えることができる。しかし、あえて言うなら、これらの問題はまだ議論の余地があり、さらなる観察が待たれる。

II

真の農業アリは、まちがって種播きアリと呼ばれていた。だが実際は草刈りをするアリなのである。テキサスのポゴノミルメクス・モレファチエン（*Pogonomyrmex Molefaciens*）、およびメキシコのポゴノミルメクス・バルバトゥス（*Pogonomyrmex Barbatus*）がこれに属する。私はニューオリンズからロスアンゼルスへ向う旅の途中、ハウストンの近くで、ある日の午後の散歩中に、このアリの巣を見て感心したものである。しかし、この巣をうっかり掻き荒してはならない。なぜなら、彼らは備えつけの針から毒液を出すからである。蟻酸ともちがうこの毒の正体はまだよくわかっていないが、刺されると激しい痛みを覚える。

彼らは巣の周辺に、ひじょうな勢いで繁茂している草を苦心して刈り取り、開墾して巣の周辺に円形の空地を作る。ここからよく手入れのゆきとどいている道路を放射状に敷き、空地には俗にアリ稲または針草と呼ばれている一種の禾本科の植物アリスタ・オリガンタだけを栽培する。

最初にこのアリを観察したリンスカンは彼らが禾本科植物の種を播くのだと言っているが、その後のマック・クックの研究によれば、アリは種を播くのではなく、好物の穀物の周囲に茂っている他の植物をたえず刈り取るだけで満足していると主張する。彼らは真の開拓者、園芸家、農夫、とりわけ樵夫として活躍する。というのは、準熱帯の大草はこの小さな昆虫にとっては巨大な樹木に相当するが、彼らはその根本にノコギリを当てて切り倒す。

マック・クックの説はホイーラーによって確認された。ホイーラーは四年間のテキサス滞在中に、問題のアリが住居を定めるのを観察して、誤解の原因を発見する機会をえた。アルジェリアやフランス南部の収穫アリは、たくわえてある穀物の発芽を防いだり、遅らせたりするが、このモレファチエン（*Molefaciens*）はこのような注意をはらわないようだ。数日間、雨が降りつづくと倉庫内の穀物が発芽しはじめ、巣を侵略し、窒息させるおそれがある。彼らはあわてて、もはや無用になったこの穀物を周辺の開墾地に運び出す。すると穀物はそこに根をおろして、稲畑を形成する。これが初期の探険家をまどわせたのだ。

III

この農業アリに関連して、栽培はしないが収穫と収納をする別のアリを結びつけることもできよう。多少なりとも寒い土地のアリは、一般に信じられているのに反して、冬のための貯蔵をしない。冬の間は巣の奥で眠ってすごし、生活に必要な食糧を戸外で求められる春が来るまで眠りから醒めない。しかし暑い地方に棲むアリは、冬はあまり厳しくないが非生産的なので、冬眠をせずに将来の準備をすることを怠らない。この種のアリの中でもっとも有名で、よく研究されているのはフランスの南部地方にも棲んでいるクロナガアリの一種(*Messor Barbarus*)である。このアリはアルジェリアにはとくに多く、モグリッジ、エッシェリッヒ、アーサー・ブラウンス、コルネらの研究対象であった。この体の大きなアリは、種々の植物の穀粒を地上で拾い集め、または直接茎からもぎ取ったり、鋏状になっている大顎でひきちぎったりして地下に蓄積する。巣の入口では厳しい検査が行なわれる。小石の砕片や磁器の破片、あるいは食用にならない種子などをうっかり運んできてしまった初心者や見習いは、頭からしかりつけられ、どこかよそへ捨てに行くように命じられる。

大きすぎるもみがらや、横になったままの稲を巣の廊下に入れるときに、演じられるドラマについては詳述することをやめよう。それらは、夏のサン・ラファエルとマントンの間で容易に見受けられる光景であるし、それを人間の尺度に移し変えて見る想像力さえあれば、コート・ダジュールで見かける場面とそれほどちがわないからである。

これらの穀物はアリ塚の他の部分よりも一層入念に築かれている米倉に集められ、しばしば体系的に分類される。しかし、かなり湿気の多い雨季の間、アリはどのようにしてこの収穫物の発芽を防ぐだろうか。これは蟻類学者がまだ完全に解決していない問題である。ある者は主張する。アリは必要に応じて巣の表面の近くに設けてある一種の乾燥場へ穀類を運び出すのだと。また他の者は、彼らは特殊な処理を施して発芽能力を破壊せずに抑止する、それゆえにアリ塚の外に播けば、正常に発芽するのであるという意見に固執する。さらに他の者は説く、彼らは単に毛根がのびるたびにかじり取るにすぎないと。いずれにせよ、アリは種子をそのまま食べるのではなく、粉砕し、こねて半液状の粥にして食べるのである。だいたいにおいて、大きい頭や強い大顎を備えた兵アリが、もっぱらこのパン製造を担当する。

この点に関して報告しなければならないことは、オオヅアリ属の収穫アリの残忍性である。それは、はなはだしい忘恩であって、シロアリやミツバチの社会ではごくふつうのことであるが、アリの世界においては、まったく例外である。冬が終わると、哀れなパン職人は不要になる。このとき、都市の枢密院は彼らの首を切って、戸外に投げ出すように命令をくだす。そして次の春には、生殖メスに彼らの後任者を生むように指令するのである。

IV――紡績アリ

正確に言うなら、このアリ、紡績アリは農業アリというよりは、むしろ林業アリである。彼らは群を抜いて格外の地位をしめている。彼らの技術および産業は頂点に達している。

発見されて、というよりさらに適切にいえば、彼らが紡績アリであることがわかったのは三〇年前のこと。ツムギアリ属（*OEcophyllas*）とトゲアリ属（*Polyrhachis*）はアジア、アフリカ、オーストラリアの熱帯地方に棲んでいる。ブラジルのオオアリ属の一種（*Camponotus Senex*）もまた同様の方法で巣を紡ぐことが最近認められた。紡績アリは、とくにインドシナにおいて、そこの原住民から尊敬され、大切に保護されている。なぜなら、彼らは種々の寄生虫を駆除して、植物を害から守るからである。ビュギオン、ドフレエン、ドッド、カルル・フリードリッヒ、ゴエルディ、その他の人々がこれを研究した。

巣を建設するために、彼らはまず二〜三枚の長い葉を求め、それを接合しようとする。ドッドの観察によれば、必要に応じて百匹ものアリが、葉の一枚の縁に並んで、彼らの大顎を用いていっせいに隣りの葉をつかもうとする。もしも彼らが直接に隣りの葉に達することができないときは、互いに仲間の胸部と腹の間をしっかりつかまえて、先頭のアリが他の葉に着くまで鎖または橋の役割をして、この葉を引き寄せる。両方の葉の縁がほとんど触れ合うか、少なくとも適当な距離にまで近づいたと判断されれば、つぎはそれを固定しなければならない。

このときにいたって紡績職人が参加する。彼らは大顎の間に繭を紡ごうとする一匹の幼虫をかかえる。公共の用に供するために、幼虫は自分本位の関心事から引き離されたところなのである。したがって、紡績アリの幼虫とサナギは、使いうるかぎりの糸を残らず巣の建造のために徴集され、つねに裸である。彼らの器官が分泌する粘りのある糸を用いて、紡績工は彼らの生きた筬《おさ》を通しては抜き、抜いては通し、両縁を縫い合わせる。紡績工たちはいずれも幼虫を口にくわえて、葉の縁全体にわたって同じ作業をする。こうして、この労働は、糸の柱と壁で無数の部屋に区別された一つの巨大な繭に織られた巣が完成するまでつづけられる。

V

このようにして初めて、動物の世界に道具の使用が現われた。昆虫の世界や、動物の中で最高の等級をしめている哺乳動物の世界にも、このような例は見あたらない。鎖で繋がれた猿が、手の届かない距離にあるバナナやくるみを取るのに、棒を使うのはしばしば見られはする。しかし、この事実はきわめて心もとなく不確かであり、しかもひじょうに首尾一貫しない偶然の気まぐれから生じたもののように思われるので、これを筬や紡錘の組織的な、熟考された使用と同一視することはできない。他のアリの領野においても、これに一歩たりとも近づいたものはない。彼らは実に、火の境界と変わらぬほど不可侵と思われる境界を突破し、超えたのである。

われわれの家畜のうちで、もっとも知的なものでさえ、毎日ある重要な着想のかたわらを通りながら、それに気づかぬまま通り過ぎてしまうことに、われわれは驚く。しかし他の知性体から見れば道具の使用と同じくらい単純で初歩的な多くの着想のかたわらを、われわれもまた平然と通りすごしていないとは、誰がいえようか。われわれはいつもそれらの着想のすぐそばにいながら、それに気づかずにいるのではないだろうか。ちょうど子供達が、宝さがしの遊びのときに、「近いよ、もうちょっとだ」と言うのと同じように。

アリはさらに遠くまで進んで行くであろうか。化石時代から今日にいたるまでのアリの進化の研究は、これを決定することができない。だが危険とまではいわずとも、少なくともわれわれが取り組まざるをえない暗い影が、この方面で現われないとはいいきれない。しかしともかく彼らの歩みはきわめて遅いであろうから、彼らがわれわれを脅かすようになるころには、われわれはもはや存在しないかもしれない。というのも、この地上にもっとも遅れてやって来たものである人類が、もっとも早く地上を去って、どこかわからぬところへ行ってしまう、という前兆を、あらゆるものが示しているように思われるからである。

VI——貯蔵アリ

私が前章で少しふれた蜜アリ、酒場アリ、革袋アリ、ビンアリ、貯蔵アリなどと呼ばれているアリは、正式の昆虫学ではもっと無愛想で発音もしにくく、憶えにくいミルメコキストゥス・メリゲル(*Myrmicocystus Melliger*)という名を持っている。

このアリについてわれわれが知っていることのほとんどすべては、マック・クック師に負っている。キノコ栽培アリと同じく、このアリも熱い地方を好む。ただし、自然は他の気候のもとでも、このアリの先駆形態もしくは模造品とも見るべきアリを造ってはいる。とくに乾燥した地方では、多少なりともブドウ栽培をするアリがいるが、彼らは液体の食糧を貯蔵するのに必要なビンを作ることをまだ学んでいない。

マック・クックは、この研究をコロラド州のサルトゥス・ディォルム、すなわち神の園においてなした。彼らは特殊な柏の樹の虫瘿から流れ出る蜜のみを食べて生きているが、自分の腹部の容積が三～四倍に膨れあがるまで、この蜜を飲みこむのである。その容積が五～六倍になるまで飲むことのできたアリは、貯蔵庫の地位に昇進する。巣に帰ってからさらに詰めこまれ、ついには正常な体重の八倍にも達する。その後で、彼らは赤い砂岩の中に刻まれた一〇ないし二〇の蜜部屋の天井に前脚でつかまり、死ぬまでそこにぶらさがったままである。あるいは死後も二～三日してようやく鉤手がゆるむのである。このような不都合にもかかわらず存在する割の悪い昇進にいったい何か利点はあるのであろうか。反吐の快楽によるのか、異様な愚かさであろうか、限りない虚栄心の満足であろうか。われわれの世界ではありえないように思えることが、アリの世界ではかならずしもそうではない。このアリの体長はふつうは五～六ミリメートルであるが、はちきれるほどに体を膨らませると、半透明になり、ブドウの一粒の実ぐらいの大きさになる。このアリに含まれる蜜は美味しいらしく、土地の住民は熱心に捜し求める。

マック・クックの調べたアリ塚は、廊下や物置や重なりあった回廊を含めると、奥行約三メートル、高さ一メートル、幅五〇センチメートルの空間を占めている。そして全体は、もろいが腐植土よりずっと堅い赤い砂岩の中に掘られている。このアリ塚には、一〇の蜜部屋があって、それぞれ約三〇ほどの生きた革袋がつるしてあった。

これらの軽気球の一つがたまたまはずれて、地面に落ち破裂しようものなら、やせこけたアリたちがこの甘い蜜の分け前に殺到し舌づつみをうつ。落ちても破裂しなかった場合、このアリはもはや起き上がることも、小部屋の天井の元の位置にふたたび登ることもできない。蜜の誘惑があるにもかかわらず、誰も彼に触れもしなければ、助けにもゆかない。こうして彼は絶望的に宙に脚をもがいて、その場で数ヶ月後に死んでしまう。そのときが来ると、やせたアリがこの屍の胸部と腹部を切り離し、大顎で触れるという冒瀆を犯すことなく、都市の外へ運び出し、墓地の役目をしている場所まで転がして行き、そこに捨てる。

ここで、彼らの風俗をうかがうことができる。私は彼らの風習より、月世界人やベテルギュース星人の風習の方がずっと驚きに満ち不可解であるとは思えない。

他の多くの場合と同じように、ここでもことの真相はわからなくとも、われわれは少しも悲観する必要はない。われわれはいつになっても刹那の玩具にすぎず、絶対を望むことはできないのだ。

すでにわかっていることしかわかっていない。その残りの部分を明らかにするためには数千年はおろか数百万年の時間がいる。しかし、この問題よりも緊急を要する問題の方が多いのだ。もっとも、すべてが連関していて、どんなに些細な問題に対する答でも、それが議論の余地のないものであれば、たとえその答がアンタレス星から来ようと白色矮星からであろうとアリ塚からであろうと、われわれに近接するすべてのことに関係しているのではないだろうか。

VII

紡績アリおよび貯蔵アリにあてられたこの章を結ぶにあたって、まだふれていなかったいくつかの小さな仕事についてざっと目を通しておこう。

アリ塚においてその労働はきわめて沈着冷静、体系的に進められ、われわれが通常巣の表面で見るような混乱した騒動からは想像できないものであることが知られている。しかもこれらの騒動の一〇のうち九までは、彼らを脅かす大異変としてのわれわれの存在、ときならぬわれわれの介入、軽卒なわれわれの行為に原因しているのである。地下の暗い回廊では、アリたちがそれぞれの仕事に従事し、なすべきことを正確にわきまえ、入念になしとげる。殻を脱ぐや、サナギはアリとなり、まだ軟かい脚でよろめきながらも卵や幼虫やサナギのもとへ駆けつけ、それらを養い、体を回し、移動し、磨きをかけ、くしを当て、つねに清潔さをたもつ。アリはキチン質の脚や鎧が堅固になって初めて地上に出る。そして、その種族、天性、能力に応じて、あるいは中心の知性の命令に従って、それぞれ探険家、探偵、牧人、供給者、園芸家、キノコ栽培家、刈入れ人、土工、石工、指物師、蜜貯蔵庫、戦士、乳母、家政婦などになるのである。

しかし、ときにはその専門化がひじょうに進んでいるので、生まれつき体の構造が変形していることもある。この変化はシロアリほど一般的ではないが、それに劣らず深刻で過激である。ある種のハタラキアリは宿命的に、鋸を引くか、切るか、截断するか、ねじ切るか、くだくかに応じて特別の道具を備えている。将来、兵アリになるアリは正常な大顎より二〜三倍も大きく、ずっと鋭利で恐ろしい大顎をもっている。ある者はバネ仕掛けの大顎をもち、ノミのような跳躍をして不意の敵から逃れる。ブラジルの処女林のあまり知られていない住人、神秘的なギガンシオプス・デストラクター(*Gigantiops Destructor*)は、大きな眼を備え、枝から枝へと跳びまわる。インドのアリ、ハルペグナトゥス・クルエンタトゥス(*Harpegnatus Cruentatus*)は、顎の引金で半メートルも跳ぶことができる。全身刺で覆われているアリもいる。また、軟かい触角を収めて保護する鞘を備えたアリもいる。砂漠に棲む者は一生涯砂粒を運びつづけることを定められ、へらやサジや杓子の形をした巨大な頭をもっている。一枚の紙の上に各種のハタラキアリや兵アリの顔を並べるだけで、ニースやヴェニスの「カーニバル狂」でさえ想像もできないもっとも幻想的な仮面のコレクションができるだろう。

VIII

これらのうちでもっとも奇妙なものは、守衛もしくは門番をする兵アリがかぶっている仮面である。いやむしろ、正確にいえばこのアリは門番ではなく、彼の畸形化して専門化した頭部が、門そのものであり、栓のようにきっちりと巣の入口を塞ぐのである。たとえば、この巣が竹の幹の中に設けられている場合ならば、この門番の額はその竹と同じ色、同じ外観を備える。もし、ナシの老木の幹に巣があるなら、門番はナシの木の表皮に偽装する。純然たる門番、すなわち生まれつき門番の頭をしているものから、半門番、門番補欠、門番見習い、素人門番などにいたるまで、ありとあらゆる一連の中間的形態が見出される。これらの器官がアリの運命を決定するようである。そうでなければ、器官を決定したのが運命なのだろう。

もっと意外な専門家が、ごく最近発見された、あるいは発見したと信じられている。それは消防アリである。われわれがこれまでに一度ならずその良心的で興味深い研究のお世話になっている蟻類学者、マルグリット・コンブ夫人は大植物学者ガストン・ボニエの息女であるが、この夫人が『病理および正態心理学日報』に発表したノート、およびフランスの「昆虫学会」でまず発表され一九三〇年四月一日付の『両世界評論』で要約補足された記事の中で、次のようなことを声明している。フォンテーヌブローの植物学試験所の構内で、エゾアカヤマアリの一種の一隊が巣に点火された小焔炎を一致協力して攻撃し、蟻酸を発射して、あるときは一〇秒で、あるときは一〇分で消したのを確認した。しばしば先頭に立って炎に突進したアリは、献身の犠牲となって死んだ。別の実験では複数の証人の目前で、これらのアリはコンロに使うロウソクの大きい焔を消した。この実験は何度も繰り返されたが、つねに同じ結果が得られたそうである。しかし、この消火能力は例外に属するようである。コンブ夫人の述べた試験所構内にある六つのエゾアカヤマアリの一種のアリ塚のうち、つねに同じ一つの巣だけが、その能力を発揮し年々これを持続しているというのである。

最初のうちはこの事実は信じ難いことのように思われた。いかにしてアリが火の観念をうることができるのか。当然のことながら、アリ塚には火の存在はないから、火は落雷か森や野原の火事から起るほかはない。この場合にはアリはその火で焼け死んでしまうので、火を知ることはできず、決して火の経験を積む機会を持つことはなかったということになる。

それにもかかわらず、彼らの行動方式は厳密に説明することができる。実際によく見かけることだが、たとえばアリがいやな臭いのするある液体にさしかかると、それが吸収されるまで土くれやごみを投げつけて埋める。炎に対する行動も、これと類似の反射――それも明らかに知的な行為としての反射と呼びうるものなのではないだろうか。

コンブ夫人の意見では、これらのエゾアカヤマアリの一種は、巣の近くに頻繁に投げ捨てられるタバコの吸い殻によって、徐々に火に慣れていったのではないかということである。ひじょうに単純な説明であるが、たしかにこれにまさる説明はないであろう。この問題について私が行なった実験は、季節が悪かったために明確な結果をあげることができなかったが次のようなものである。ニースの北方、イタリア国境の近く、一五〇〇メートルの高度に広がるペーラ・カヴァの森に、エゾアカヤマアリの一種のアリ塚がたくさんある。二〇歩と歩かぬうちに、五〇センチメートルから七五センチメートルの高さの松葉でできた彼らの小山になったアリ塚に出会う。かつて私はそこで各種のロウソク、なかでもイトロウソクを用いて三〇ばかりの実験を行なったことがある。

二〜三センチメートルの長さのロウソクの切れはしに火をつけて、アリ塚の頂上に置くと、それに気づいた最初のハタラキアリたちは、ただちに猛烈な攻撃をしかけてくる。アリ塚全体に警報が広まり、すぐにあわてふためいた群れが五フラン貨ほどの環を作る。彼らの体長の三〜四倍もある炎は、彼らの目には巨大なものに映り、その熱さは耐え難いはずであるが、次から次へとハタラキアリがこの地獄の環の中に頭を下げて突進して行く。焼けはじける音が聞こえ、アリの体は反りかえりマッチのように燃えあがる。しだいに数を増してくる他のアリたちも、この英雄的な存在を見習い、ロウソクの周りに拡がってゆく蠟に足を取られ窒息死や釜ゆでになる。芯が傾き倒れ、支えも燃料もなくなったときに、ロウソクは自然に消えてしまう。しかし、アリが鎮火に寄与したとは確かめられなかった。適当な距離に近づく前に焼け死ぬか窒息死するのだから、アリがいったいどうやって鎮火しうるのか理解できない。彼らの体長くらいのひじょうに小さな炎を使用すべきだったのかもしれない。しかし、そうなると、炎が弱すぎて、アリの体がかするか、その上を通るかしただけで、おそらくはっきりとした意図もなく消してしまうことになるだろう。

いずれにせよ、私の確認したことは明らかに超人的で無分別な彼らのヒロイズムである。もっと決定的な実験を行なう人もきっと出てこよう。私は残酷で無益に思われる実験を中断した。

いくつかの森、とくにコンピエージャやフォンテーヌブローの森では、エゾアカヤマアリの一種が徐々に減少していると注意してくれた人がいる。キジの飼育用に卵と繭を採集する者どもが、このアリに容赦のない戦いをしかけているのである。「森の警官」と呼ばれるこの美しいアリを絶滅から救うために、プロシアと同様に法律が介入すべきときが来ているのではなかろうか。良心的な蟻類学者ロベール・スタンペ氏の計算によると、一つの巣のエゾアカヤマアリは一日に五万匹以上の膜翅類や小鱗翅目類(*micro lepidpfére*)や毛虫などの害虫を殺しているのである。

IX

この章の終りにあたって、農業アリからやや遠ざかるが、最後にもう一つ脱線を許していただきたい。

平安を乱されたアリが住居の周囲で忙しく動き回り、自分の二倍もある大きさの繭を信じられないほどやすやすと運搬している。また大顎を緊張させて松葉や木片を運んでいるが、これらはわれわれにしてみれば、大男が二～三人がかりでやっと取りあつかえる厚板または柱に相当するのである。この様子を見ていると、アリにはわれわれよりも八倍から一〇倍も強い筋肉があるのではないだろうかと思う。このような誤解が生じるのは、いかにももっともであり、私は最近、スエーデンのある技師から、この問題に関する通信を受けとったが、それは外見のみによって判断された観念のあやうさをよく示していた。

彼は身長二メートルの男を例にとる。この男は楽々と、直径二〇センチメートル、重さ三五キログラム、つまり三万五千グラムの鉄球をやすやすと支えることができる。この男を千分の一に縮少すると、身長二ミリメートルになり、鉄球は同一の割合で縮小すると重さ三五グラムになる。彼はこのことから、千分の一に縮小されても男のほうが、アリとは比較にならないほど力があると結論する。自分の大きさの一〇倍の物体を支えることができるのだからというのである。

この技師の計算は明らかに間違っている。彼のあやまちは大変に興味深いものである。それはアリが自分の二倍以上の大きさの物体を運ぶのをわれわれが見るときに、無自覚に陥るあやまちでもあるからだ。アリの体長を千倍に拡大し、それにつれて物体の重量を千倍にするとき、われわれは逆方向に同じ計算上の誤りを犯していることになる。われわれはあまり知られていないアリの体重を考慮せずに、わかりやすいアリの体長だけを考慮していたからである。すなわち、互いに共通ではない二つの数値を拡大縮小しているのである。千分の一に縮尺せねばならないのは人間の体重なのだ。すると八〇から八五グラムの人間となるだろう。そのとき身長はいくらになるだろう。私の文通友人の一人が指摘したように、ここで数字は過ちを犯す。人間を構成する物質はアリと同一ではなく、その構造も相似ではない。

さらに問題は思ったよりずっと複雑である。ヴィクトール・コルネッツは一九二二年、『メルキュール・フランス』誌にこの主題についての研究を発表したが、これが問題を明らかにしている。彼の確かめたところによれば、アリの体重は、その体長の三乗に比例する。「仲間の三分の一の体長のアリの体重は二七分の一である。ところが、その筋力は同じ割合では減少せずに二乗に比例する。すなわち例の小さなアリは大きなアリの九分の一の力を持っているのだ。筋肉の長さという次元は、力の評価において重要ではない。これらの比例がほとんど同じならば、この三次元比、戦いを支配する比はその生物が小さいほど有利であり、大きいほど不利である」

ヴィクトール・コルネッツが引用しているイヴ・ドラージュ(『科学評論』誌一九一二年七月一九日)は、自分より一〇倍重い小麦粒を持つことのできるアリも、千倍に大きくなれば、体重の百分の一の物しか持てないだろうということを理論的に明らかにしている。そうなるとアリは人間や馬よりも百倍も弱いことになるのである。

10 章

寄生者

お人良しで無分別といえるほど客を歓待するアリにとって、
寄生とは自然が好む一様式なのだ。

I

アリの巣の快適さと豊かさと気やすさと安全さに惹かれて、またときおりアリが示す英雄的行為や巧妙さがなかったなら、軟弱とも愚鈍とも誤解されかねないような、アリの寛容さをいいことに、寄生者たちはまたたく間にアリの巣にはびこっていく。寄生者の種類は現在二千種以上にのぼっているが、さらにぞくぞくと発見されている。とくに熱帯では日に日にその数が増えている。寄生者に関する研究には、ただ名を列挙するだけで論文や著作の五〜六ページはゆうに必要とするほどである。それは蟻類学の中でももっとも膨大で奇怪な章の一つを成している。ここでは二〜三の観察を例にあげて、まだひじょうに曖昧模糊としているアリの心理をできるかぎり明らかにしよう。ともかく寄生は自然の基本的法則、自然が好む様式の一つであるようだ。J・M・クラーク教授は、カンブリア紀の海棲生物、つまり生命の起源そのものの中に、すでに寄生の出現を見い出している。この事実は、わが崇高な宇宙の母胎という考えにとってあまり気持ちのよいものではないが、疑いのない事実であり、注目に値いするものである。

あまりにも人が良く、無分別といえるほど客を歓待するアリは、やって来るものに家も食卓も解放して、皆そろって御馳走にあずかるのである。しかし、アリのなかにも数は少ないが、正直で勤勉な種族のすねをかじるだけで暮らしている種族があることも確かである。ただしこの場合、先にあげた、アカヤマアリ類やアマツォーネアリ、その他類似のケースを取りあげる必要はない。これらは特殊な寄生、というよりは一種の自発的な共生である。一方が都市を養い他方が防禦する。比較的無害な小形アリ、ドリミルメクス・ピラミカ(*Dormyrmex Pyramica*)については省略し、かなり悪辣な犯罪者トフシアリ(*Solenopsis Fugax*)について述べよう。

四六時中地下で暮らし、盲目に近いこのアリはひじょうに小さいので、不運にも宿主にされるアリの視覚や触覚からまぬがれている。この小さな寄生アリは、大きなアリ、とくにクロヤマアリの巣の壁に自分たちの小さな回廊を掘る。まるで悲劇的なお伽話のように、このアリはチャンスをねらっては自在に壁から飛び出し、素早く卵をさらって壁の中の家に戻り、悠然とこれを食ってしまう。しかしこのたえざる掠奪の犠牲となるアリの方は、寄生者の廊下が狭すぎて入ってゆくことができない。それにしてもこの小さいが無慈悲な鬼に対して、大きなアリたちが何ら防禦措置を講じないのには驚かされる。あまりにも忙しく自分たちの仕事に熱中しすぎてそれに気づかないのか? 殺戮者の廊下を広げるとか、その入口を塞いでしまうといったことは考えつかないのであろうか? この問題は人工のアリの巣によっても、今のところ十分には研究されていないようだ。いずれにせよ、さらに驚くべきことには、この二重の巣の一方をかきまわすと、それに抵抗するのは殺戮者の方であり、彼らは自分たちが虐殺した子供たちの親を、侵入者に噛みつくことでかばおうとすることが確認されている。またもわれわれは、他の惑星で起こる光景を目撃するような気にさせられるのだ。

II

サンチによって観察され、その習性に似つかわしく首切りアリという野蛮な名をつけられているボトリオメルメクス・デカピタンス（*Bothriomyrmex Decapitans*）について語ろうとすると、われわれは地球を離れるとまではいかないにせよ、メロヴィンガ朝時代までは溯らなければならないだろう。このアリはその犠牲となるアリとほとんど区別できない臭いを発散し、それを利用して結婚飛行の帰りに勤勉で善良なアリ、タピノマ・エラティクム（*Tapinoma Erraticum*）あるいはニゲリムン（*Nigerrimun*）の巣にいともやすやすと侵入してしまう。これはあたかも自然が、こうした罪を犯すようにあらかじめ仕組んだことのようにさえ思われる。首切りアリはタピノマよりはるかに小さいのに、自信に満ちあふれており、まるですでに女王の冠をいただいているかのように、さっさとその巣の卵や幼虫の並ぶ広間に居座ってしまう。そこで穏やかなこの巣の女王たちの一人をつかまえ、その背にまたがってえり首と前胸板の間にノコギリを当てる。首がとぶ。恐怖のあまり他の女王は臣民の一部を引き連れて逃げ出す。自分の生まれた家にあくまでも忠実なハタラキアリたちは、この侵入者をそのまま新しい女王として迎え入れる。彼女はすぐに産卵をはじめる。こうして先住種族はしだいに巣から姿を消し、タピノマの巣は首切りアリの巣と化してしまう。

しかし、このような残忍な例によって、アリ全体を判断すべきではない。すでに研究されている六千種あまりのアリのうち、まったく働かないで他者の恩恵だけで暮しているのは一〇数種に過ぎないのである。アリ社会に占める寄生者の割合はこのようにつましいものであり、人間社会を考えるとこのくらいでは済まないであろうということを認めざるをえない。

III

アネルガテス・アトラトゥルス（*Anergates Atratulus*）の一生は首斬りアリほど劇的ではないが、昆虫学史上あまりにも有名なので、私もこれに言及しない訳にはいくまい。このアリは生まれながらのブルジョワ的寄生生活者の典型である。この種族の女王はハタラキアリを産まない。かわりに恋愛しか念頭になく、まったく働かず自分で食うことのできない雄と雌を産む。受精を済ませると、この女王アリはまだ動けるうちにこっそりと、働きものの種族であるシワアリの巣にしのび込む。そしてなぜかわからないが、そこで歓待される。たっぷりと栄養を与えられて、彼女の卵巣は異常なまでに発達し、まるで風船かシロアリの女王のように膨れ上がる。化け物のようになった彼女は、侍女の手を借りずには自分では動くこともできなくなる。そして間もなく、彼女が、続けざまに産みおとした卵で巣はいっぱいになる。シワアリのハタラキアリは自分たちの幼虫の方はなおざりにして、この侵入者の子供を大切にし、時には自分達の女王さえもこの侵入者の犠牲にする。この偏愛と致命的な錯乱はどうして生じるのであろうか？　フォン・ハゲンスは数年間にわたって同一の巣を継続的に観察し、同じくアドレルツ、ヴァスマン、ジャネ、ホイーラー、クローリー、フォレルら鋭い洞察力を持った蟻類学者たちがその研究に没頭したにもかかわらず、この問題に対する満足な解答は未だえられていない。

さらに他の寄生の例を挙げるなら、ホイーラーの発見した一時的な寄生者、アカヤマアリ類の一種（*Formica Microgyna*）がある。このアリはいともたやすくクロヤマアリの養子となり、しまいにはこれにとって代って、卑屈さの跡などみじんも感じさせず何ごともなかったかのように自分のコロニーを作り上げてしまう。「みごとなほど人間社会にそっくりである」と、ホイーラーは付け加えている。「おずおずと卑屈な寄生生活から出発したある種の人間の制度も、幾世紀を経るうちに強大な力を持つに至るものである」

もう一つ例を上げておこう。プラチアルトルス（*Platyarthrus*）は往々にしてかなり大きなアリで、害を与えることもないが益になることもなく、他のアリの眼には止まらないという奇妙な才能を持っているようにみえる。このアリが他のアリの巣でいかに繁殖しても、他のアリは何ら注意を払わず、そんなものは存在していないかのように平気で行き来している。しかしプラチアルトルスは養親でもなければ同盟者でもない。それを次の節で述べよう。

IV

これから述べる寄生生活はわれわれの驚きをあらたにし、予想もしなかった変化に満ちた時代や世界へと、われわれを招き入れる。

まずはじめに、小さな食客、わずかばかりの利を貪る者、賤しいペテン師、泥棒そして押しかけ客の一群について、細かい注釈抜きで述べよう。こうした連中は往々にしてあまりに厚かましく危険かつわずらわしいので迫害されることもあるが、たいていはすこし邪魔になっても大目に見られている。彼らの中には、しおらしく巣の余り物で暮しているものもあれば、蜜の一滴をかっさらうのもいれば、主人の滋養のある分泌物をなめて過ごしているものもある。彼らは脚のある幼虫、蟹、バッタ、小えび、ザリガニに似ていて、比較的体長も大きく、主人の体長と変らぬほどである。そしてこの凄じい連中は巣の中を勝手にはいずり回り、忙しく辛抱強いアリたちの方はそれを不愉快にも思っていない。それどころか、むしろアリたちは、つねにこうした連中のタダ食いを助長しようとさえしている。こうして、アリダニ（*Atelura Formicaria*）、この太って円錐形をした下劣な奴は、二匹のハタラキアリが反吐のために向き合うのを見ると、そそくさと彼らの大顎の間にもぐり込んで蜜を失敬するのである。その二匹はこの無作法者をはねつけるどころか、奴が饗宴の分け前にあずかるまで待っているのである。アリたちはまた、あの不可思議なアンテノフォレス（*Antennophores*）に対しても同様に振舞うのである。これについてはジャネ、ヴァスマン、カラワイエフ、ホイーラー等による研究があるが、多くのトビイロケアリの一種（*Lasius Mixtus*）の体には、アンテノフォレスがくっついていて、私も『白蟻の生活』の中で言及したことがある。これは一種のシラミで、被害者の頭部と同じくらいで、割合に大きい。ふつう一匹のアリには三匹のアンテノフォレスが決まった仕方で棲んでいる。一匹は顎の下、他の二匹は腹部の左右について、自分たちが子供であるかのように世話し、養ってくれる保護者の歩行のバランスをくずさないようにしている。

こうした風変わりな食客の中には、何らかの役に立っているものもあることを付け加えておくべきであろう。彼らはゴミを食い、主人につく微小なダニを追い払い、孔の多い巣の廊下に繁殖する、目に見えない害虫と戦うのである。

V

しかしなんといっても食客の軍団の最大のものは、ありとあらゆる大きさと形態の鞘翅類から成っている。すでに化石化した琥珀の中から発見されているように彼らの歴史は古く、何百万年も送ってきた寄生生活が、これに適応できるように彼らの器官をひじょうに変化させた。たとえば触角は、より効果的に反吐を促すように、あるいは運搬を容易にする取手の役目をするために太くなった。というのは、彼らはたいへんな怠け者で、決して自分で歩こうとせず、養い親に運んでもらうのである。舌は短く、口は大きくなり、胸は特殊な毛でおおわれた。こうした変化によって、これら不思議な連中の魅力である芳しいエーテルのような分泌物を、いっそうふんだんに撒きちらすことができるのだ。ヨーロッパのハネカクシ(*Atemeles*)やアメリカのクセノドセス(*Xenoduses*)のように別荘暮らしをするものさえいる。彼らは二つの住居を持っていて、冬はヤマアリ類のもとで、夏はフタフシアリ類の巣で過ごす。

熱帯地方のあまり知られていないものを除いても、今日では彼らの種類は三、四百種にも上っている。アリはあまりにも彼らを寵愛し、彼らに魅了されているので、自分たちの幼虫以上にこの寵臣を大切にし、危急の際にはまっ先に彼らの方を避難させるほどである。徳高く純潔で節制家であり、かつ真面目、勤勉なアリの国家にとって、これは唯一の、しかし重大な悪であり、人間社会におけるアルコール中毒同様、しばしば種族にとって致命的で避けがたい真の社会的災厄となることがある。

もし幸福な偶然か天佑とでも言うべき自然の誤りによって、彼らの繁殖が抑制されない限り、確実にコロニー全体の破滅と死につながる。この寄生者達は反吐だけでは満足できず、宿主の子孫を好んで貪る。一方で、彼らに堕落させられ、一種のエーテル中毒にかかってしまったハタラキアリたちは、自分たちの王国の幼虫に必要な世話を少しもしなくなる。その結果、栄養の足りない幼虫からは「疑似雌」、すなわち生殖能力のない雌しか生まれない。

それゆえ、ある種族、中でもこの忌しい寄宿者をとくに溺愛するアカヤマアリなどは絶滅せねばならぬはずである。ところが反対に、このアリは他のものより数も多く、全世界に分布しているのである。ヴァスマンはこの謎を解いた。アカヤマアリは自分たちの幼虫と寄宿者の幼虫とを同じようにあつかうのである。アカヤマアリは幼虫がサナギに変わるときになると、繭を紡げるようにどの幼虫も地中に埋める。サナギ化が終了すると掘り出し体を洗い巣に並べる。ところが鞘翅類ではサナギになった後で土中から掘り出されると死んでしまうのだ。運よくハタラキアリに見つけられず、掘り出されなかったサナギだけが死を逸れるのである。

VI

この点に関して蟻類学者の間で大々的な議論がまき起こった。「イエズス教団」の一員であるヴァスマンは、そこにアリの無知の証拠と、自然の均衡を保つ神の叡智の現われとを見た。『進化の精神』

の著者ホブハウスの支持をうけたホイーラーは次のように言った。

自分の子供を破壊する寄生者を養うようなアリの愚かさは、自分の娘を億万長者に売り渡して、娘の幸福をえたと信じる母親の愚かさや、キリスト教的慈悲によって、異端者を火あぶりにする異端審問官や、文明の名において、軍隊に殺戮を命じる皇帝の愚かさほどではないと。たしかに、われわれの失策や愚行、不合理をアリのそれと並べてみたなら、その比較はかならずしもわれわれに有利だとは言いがたい。

しかしながら、アリの弁護をするのにこれほど大そうなものを持ちだすには及ばないと思う。別に悪意のないアカヤマアリが、ほとんど似かよった何千もの幼虫の世話をし、同様にあつかうのは自然なことである。寄生者のサナギの大虐殺について、アカヤマアリにその過誤を認めよというのは無理な要求である。人間は何世紀にもわたってこれ以上の重大な過ちを犯してきたし、今もそれがなくなったわけではない。経験はアリの本能に刻みこまれないように思われるが、その方が何かわからないが大きな利益があるからであろう。先に述べたようにたとえばキノコ栽培アリや家畜飼育アリにみられるように、過去の教訓が真に有益である場合には、われわれと同じく彼らも、遺伝的記憶に刻みつける能力を持っているのではないだろうか？

VII

自然は自らが引きおこした病の特効薬をいつも都合よく与えてくれるわけではない。とくに同種の寄生者に関しては、ある種のコロニーの度のすぎた寛容さは、しばしばその絶滅を招くことがある。「アリの巣の神秘」の章で、われわれはホイーレリエラ・サンチーの例をすでに見ている。このアリの触角による愛撫に魅了されてしまった、ヒメアリの一種（*Monomorium Salomonis*）のハタラキアリは正統な女王を抹殺してしまう。その後、このアリは産卵を始め、もとの種族にとって代る。しかしホイーレリエラのハタラキアリは働くことを知らないので、掠奪者の種族はその勝利の瞬間に全員餓死してしまう。これと同様の例がアネルガテス、すなわち昆虫学用語で「働かざるもの」と呼ばれる別の種族にも見られる。しかしアリたちの将来にとって幸せなことにはこれらの種族はかなり稀で力も弱いということだ。

ついでに付記しておくと、社会的昆虫のうちミツバチは、その恐るべき針と原始的な集合的器官しか持っていないので、ほとんど寄生者から逸れている。一方、アリよりも更に謹厳で規律正しいが、たしかにアリほどの寛大さも、器用さも、想像力もなく芸術家でもないシロアリは、芳香を放つ腺を備えた、きわめて少数の寄生者を許しているにすぎない。

VIII

一般に、恐ろしくしばしば危険で怪しい存在であり、つねに邪魔っけなこれら無数のさまざまな寄生者の中で展開されるアリの巣における生活は、われわれのそれとはだいぶ異なっているにちがいない。それはたえざる悪夢の中や、恐ろしくも感動的なお伽話の中でのことのように、果てしない地下の化け物屋敷では、亡霊や幽霊や、「聖アントニウスの誘惑」より悪魔的な幻が跳梁し、彼らは四方の壁からとび出し、角ごとに見張りをし、廊下のあらゆるところで待ちうけ、部屋という部屋に入り込む。そこではまた媚びるのが巧みで貪欲な掠奪者、首斬り人たちが蜜と交換にあやしげな快楽や香料や薬を提供するのである。一日の仕事を終えて帰宅するとそこにはいずれ劣らぬ醜怪な、二千種ものさまざまな怪物がわがもの顔でのさばり、しかもわれわれの費用で暮すことしか考えていない。こんなことはわれわれには、想像だにできぬことである。われわれには理解しがたいことではあるが、頭の良いアリは、この奇跡の宮廷、この忌しく破滅的な仮面舞踏会を一撃のもとに壊そうと思えば容易にできるにもかかわらず、そうしようとはしない。のみならず、これを愛し激励し、これに満足し、これは欠かすことのできない贅沢、苦労に対する報酬、わが家の喜び、装飾と考えている。彼らが知的で豊かで文明的になればなるほど、寄食者に対していっそう寛大になる。

しかも一般にこのことは、アリの繁栄にとってほとんど害とならない。なぜなら、他のどの種族よりも寄食家に対して寛大なクロヤマアリの一種が、鞘翅類の麻薬に溺れているアカヤマアリよりも、ずっと数多く、世界的に分布しているのを見ても明らかである。

しかしわれわれに、それを云々する資格はない。すでに述べたように、われわれの内的生活、真の生活は、これと同じ方向に向かわない。われわれの悪徳は度のすぎた愛他主義から来るのではなく、利己主義から来る。善意や寛容を失った者は、聖人か狂人のいずれにせよ、ふつうとはちがう人間と見なされる。あらゆる社会的動物のうち、いかなる寄生者の犠牲にもなっていないのは、人間だけである。ただしここで私の言っているのは体長のほぼ同じくらいの寄生者のことで、いたるところに、寄生者につく寄生者の中にさえいる害虫は勘定に入っていない。人間はこの地上で、もっとも優れて大きな寄生虫であるので、今日まで他のすべてを征服できたのであろう。われわれは寄生生活の利点のみを独占し、他にはそれを許さない。このやり方では何ら損はしないのだ。もしもわれわれがアリと同様の行動をとれば、われわれはとうてい長くは持ちこたえられないことは明らかだ。なぜならアリはわれわれよりずっと強く、その器官は過度の善意に備えて別あつらえにできているにちがいない。われわれがアリと同じくらい善良であったなら、とっくの昔に地上から姿を消していただろう。

エピローグ

これでアリの生活の重要な部分は、ほぼ語りつくしたことになる。ミツバチのきわめて不安定で、奴隷のように疲れ、不健康な、要するに短い一生にくらべれば、それは明らかにすぐれたものだ。また残忍で野蛮で、冷酷な獄中に幽閉されたシロアリの生活よりもまさっている。

さて、しばらくの間、われわれの感覚がアリの好んで棲む環境に適応すると仮定してみることにしよう。つまりわれわれの目が、アリと同じ暗闇を好み、われわれの口や鼻が、アリが求める食物や匂いと同じものを好むと考えてみるのである。すると、どういうことになるだろうか。人間大になったアリの生活と、現実のわれわれの生活を比較したとき、どちらがより耐えやすく、どちらがより無意味で、より有意義なのか、そしてどちらがより絶望的なのだろうか？　これから先、数世紀の間にもたらされるかもしれない発見や啓示が、われわれの魂と肉体を格別に改良したり変形したりするのでもないかぎり、またますます不確実なものとなっている死後の生や、何千年来果たされたことのない来世の約束などを考慮に入れないかぎり、人間のなかでもっとも幸福な者にくらべても、アリの方がより幸福だと思えるのである。アリの母親は、前に述べたような苦しみと恐怖のなかでコロニーを建設しおわったときに、われわれなら一生かかって支払わねばならない重大な責である。

務を一時に決定的に履行したのだと思われる。そして、この試練さえのりきってしまえば、運命はそれ以上はもう何も要求しない。ところが人間には、苦痛の種がつぎつぎと毎日のように生じるのである。

なによりもアリには、もっとも大切であらゆることの土台になる健康、破壊しがたい生命力がある。彼らは首を断りおとされても、二〇日ぐらいは生き続け、最後の息をひきとる瞬間まで自分の足で立っている。ぶ厚い甲冑よりも頑丈な外皮に包まれ、繊維状の内臓や腸の機能は――人間にとっては忌むべき弱点だが――まったく完全なもので食べたものはほとんど跡かたもなく消化してしまう。筋肉や神経も無駄なく圧縮されており、どこにあれだけの力がたくわえられているのか想像もつかないほどである。アリは重力を知らない。レミィ・ド・グールモンが指摘したように、アリは、垂直な面を昇り降りするときも、まるで水平なところをゆききしているような身軽さで移動する。アリはまた疫病も知らなければ、われわれを悩ませる病気もいっさい知らない。アリには死というものがないのではないかと思えるほどやすやすと復活する。フィールド嬢はこの問題について、かなり残酷だが、説得力のある実験を行なった。八日間ほどアリを水中に沈めたのである。沈められた七匹のアリのうち、四匹が生き返った。また、別のアリに消毒した海綿に含ませた水だけを与えて、断食させるという実験も行なった。九匹のフォルミカ・スブセリケア（*Formica Subsericea*）は、七〇日から一〇六日ももちこたえた。この試練を課せられた多くのアリのなかで、共食いをするにいたったのはわずか三例だけであった。そして断食の二〇日め、三五日め、四〇日め、六二日めになってもなお、半ば餓死しかけたアリのいく匹かは、絶望的な状態にある仲間に、反吐作用をとおして蜜を提供することまでやってのけたのである。

アリは寒さに弱いだけである。しかも寒さも、アリを殺すことはなく、眠らせるだけである。眠ることで経済的な無力状態をのりきらせ、陽光が戻って来るのを待つことを可能にするのである。

II

地上に存在するすべてのものを脅かす大天災、冷害、旱魃、洪水、飢饉、火事を除けば、またしばしば養子縁組か有益な同盟によってかたのつく戦争を除けば、すべてから恐れられているアリには、ほかにこれといった敵がいない。地下のサレント——その利点を理解するには人間の尺度に拡大してみる必要がある——にあるわが家に戻ってきたアリには、もはや恐れるものは何ひとつなく、平和と豊穣と完璧な同胞愛を取り戻すのである。私は人工巣のアリたちに、かなりあくどい妨害を与えて異常な興奮状態をおこすようにしてみたことがあるが、それでも彼らを狂気させ、内戦状態にまで至らせるには、人間の理性ではとうてい耐えられないような試練を課して彼らの正気を失わせ、完全な狂乱におとしいれる必要があった。そこまでしないかぎり、正常な状態で同じ共和国の二匹のアリが喧嘩をしたり、感情を爆発させたり、穏和な気性を忘れたりすることは決してない。ミツバチの女王がたえずその競争者を虐殺してやまないのに対して、アリの女王は互いに理解しあい、姉妹のように仲がいい。古巣の放棄とか、移住や危険な遠征などのような都市の運命にかかわる重大な決断を迫られた場合も、女王たちは触手による合図や、とくに実例を示すことによって、意見を異にする女王を説得しようと努めるのである。ミシュレの珍しく感傷的でない表現を借りれば「彼らはなんの異議も唱えない聴衆の一人を目的の場所や目的物のもとに連れていく。これはむろん、ある事を信じさせたり、納得させるのがどうにも困難な場合の手段だが、そうやって説き伏せられた聴衆は他のアリを誘って二匹そろってもう一人の証人を連れにいく。今度はその証人がまた別のアリを、というふうにして、その数を増やしていくという作業が繰り返されるのである。人間の議会用語で〝群衆を誘い連れて行く〟というのはアリの世界では比喩ではないのだ」

われわれとは反対に、アリは苦痛よりも快楽により敏感である。体を切り刻まれても、何ごともなかったかのように、道をはずれることなく巣に急ぐ。だが同胞にせがまれると蜜の陶酔を分かち合うのである。

われわれの世界においては、幸福はとりわけ消極的、受動的なものであり、苦痛の欠如によってしか感じられない。アリの世界では幸福とは何よりも積極的、能動的なもので、特権的な他の遊星に属しているかのようである。生理的に、アリは周囲を幸福にすることでしか、自分も幸福にはなれないのであろう。義務を果たす喜び以外、他に喜びを知らない。この喜びはわれわれにとって悔いを残さないというにすぎず、われわれの中には口先だけで承知したということしか知らないものが多いのである。愛の法悦の中では、われわれも自己を超越したと信じるが、これにしたところで、根底にあるものは死や無に近づくほど、集約され、強調された利己主義であり、他者の死や破滅さえもたらしかねないものなのだ。つまり愛がほろぼそうとした利己主義そのものに他ならない。アリは別の愛を知っている。それはアリの自己を局限ぜず、無数の彼の同胞の間に無限にそれを開き、増大させ、広めるものなのだ。アリは幸福のうちに生きている。なぜなら、アリは自らの周囲で生きている者の内に生き、すべてが彼の内で彼のために生き、同様に彼はすべての内に、すべてのために生きているからだ。

III

そのうえアリは不死である。彼は何ものも滅ぼすことのできない、全体の一部となっているからだ。この主張が一見していかに奇妙にみえようとも、アリは著しく神秘的な存在であり、自らの神のためにのみ存在し、これに仕え、自我を忘却し、神の内に自己を滅却する以外、他には何の幸福も生存理由をも想像できないのである。彼らには偉大な原始的宗教、トーテミズムがしみ込んでいる。

トーテミズムは、人間の創り出した最古の、数千年の歴史をもった、もっとも普遍的な宗教であり、あらゆる他の宗教と神々の根源であり、死すべき者によってなされた不死のものへの最初の探究であり成果である。トーテムは一族の集合的魂なのであった。われわれのもっと遠い祖先は、エジプト学者、アレクサンドル・モレが適切に述べているように、「彼らの魂はトーテムに、すなわちある動物か植物、あるいは全部が、死滅することはないある種の物にむすびつけられることで、安全であると信じていた。たとえ一個体が死んでも、トーテム、つまり不滅の集合的魂が、一時的存在であるその個体から出た部分的な魂を取り戻すからである」

もちろん、アリはこうしたことを自覚しているわけではないし、われわれの祖先にしても同じであろう。――もっとも根源的な作用を及ぼすものは、自覚されたり、考えられたりするものではない。――しかし、これがアリの生活の本質を成しているのである。アリの内で息づき、ささやきかけるもののすべての内に、いかなる本能がひろがっているのかは、わからない。アリのトーテムは、アリの巣の魂である。ミツバチのトーテムが、ミツバチの巣の魂であるように。原初の人間は、一族の魂を所有していた。われわれはこれの代りに、すぐに消え失せてしまう、おぼろげな幻しか持ちあわせていない。われわれに残されるのは、束の間の存在だけであろう。そうしてわれわれはますます孤立し、死に対して一層、無防備になってゆくであろう。

本書の冒頭で述べたように、アリは今日、もっとも進んだものの一つであり、家畜を飼育したり、ぜいたく品として鞘翅類（*coléoptères*）を飼っているアリが、すでにバルト海の琥珀から発見されている。言い換えれば漸新世や中新世、すなわち人類の出現のはるか以前に、すでに存在したのである。それ以来、何百万年を経てもアリは目立った進化をとげていないように見える。なぜなのであろうか？　これはおそらく、すでに述べたように、数百万年では目立った進化をとげるには不十分であるからなのだろう。前人類（*le pré-homme*）と同じく、前-アリ（*la pré-fourmi*）が発見されていない現状では、すべて推測の域を出ない。

しかし、マンモスと同時代のわれわれの祖先と同じような暮しをしている未開人が、ある島には今も存在しているように、全体の趨勢について行けなかった時代遅れのアリも残っている。とくにハリアリ類のアリ（*les Ponérines*）は、中生代（または第二紀）の動物相に属する、もっとも古いアリの子孫と推定されている。この、気も遠くなるほどの大昔に消滅した種族の末裔は、ほとんど社会的昆虫とは言えない。彼らのコロニーは一〇匹足らずを数えるにすぎず、その胃は未だ分化していないし専門化していない。彼らはほとんど肉食で、アリ社会の主要行為、反吐作用を行なわない。彼らの鎧は進化したアリのそれよりも頑丈で、恐ろしい針も備えている。ほとんど単独生活をしているために、遭遇する危険もはるかに大きいのである。親族同士の結びつきがかなり弱いので、彼らの幼虫は両親に扶養されなくても、育つことができる。

この哀れなハリアリ属のアリから高等なアリへと進化した過程をたどることは、今のところきわめて困難である。というのは、初期のアリはほとんどオーストラリア産で、——奇妙な一致であるが、人類最後の未開種族も同じくオーストラリア産である。——このアリの研究はまだひじょうに不完全だからである。他方、中生代と化石琥珀との間には、アリの痕跡が一切残っていない。しかし中生代から第三紀末にかけての、この知られざる無限の歳月のうちに、アリの社会生活が組織され発達し、次第に個体的生活に代わって、今日みられるようなものに至ったことは明らかである。

アリとちがって肉体的条件からもどうしても愛他主義ではありえないわれわれは、逆の方向に進化してきた。われわれは全体の不死性よりも個体の不死性を望んだ。しかしいまやわれわれは個人の不死性の可能性を疑いはじめ集合的不死の感情も失ってしまった。これをわれわれは再び回復できるのだろうか？　社会主義や共産主義への道は、この方向への一段階を示すものなのかもしれない。しかしそれに必要な有機的機関をもたないわれわれが、いったいどうやってそこに滞り、繁栄することができるのだろう。

この集合的不死への希望は、いまなお家族の父から子供へと受けつがれる本能や思考のうちに、残り火のごとくくすぶり続けている。結局、この希望こそ最上のものであり、もっとも根拠のある、もっとも賢明なものなのではないだろうか。そして他の希望がすべて空想にすぎないと思えるとき、ふたたびはっきりとよみがえってくるのだろうか？　おそらくわれわれはさらに先へ進んで、宇宙的不死性に身をゆだねることになるだろう。これこそ異論の余地のないゆるがぬ確実な不死性であり、これを存在不能な虚無の不死性と混同するのは間違いであろう。しかし、いったいいつになったら、われわれはこの不死性を絶望なしに受け入れることができるようになるのだろうか？

V

自然は自分が望んでいることを知らない。あるいはむしろ、自分が望むことをしないとか、何ものかが自然の腕をひきとめて、望みどおりにさせないとよく言われる。スカンジナビアの古い伝説には、悪魔が支配した時代が語られている。この時代は終わったのだろうか？　それが自然が望むものではないとしたら、創造主、もしくは太古の無数の神々の一人によるものなのだろうか。たとえば光の父オルムツまたはオルマツ、悪と虚無の盟主アーリマンに妨害されてわれわれにはその恩恵を一部しか享受できないとペルシア人に信じられていたあのオルムツであろうか？　おそらくこれは、いずれなんらかの新しい筋道を経てからでなければゆきつくことのできない説明だろう。ちょうどキリスト教が悪魔の神話を通じてこの説明に立ち戻ったように。なぜなら、罰する者が同時に唯一その罪の責任を負っているがゆえに、誰も犯さなかった罪をみんながあがなっているように思えるからである。

われわれが生存している皿のように小さな環境をこえる質問が提出された途端に、その答えはあくまでも不確実で頼りなく幼稚で矛盾にみちたものにならざるをえない。その種の答えの説明は、宗教と哲学の誕生以来、よちよち歩きでほんの数歩進んだに過ぎない。われわれの考えがためらうことなく断固としたものになるのは、われわれの悲惨やちっぽけな情熱、ちっぽけな悪徳、そして食事の時間が問題になるときだけである。

行く先もわからぬところへわれわれを導いていく「未知なるもの」は、その最後の思考であり最後に出現した動物である人間を、時間の中に、あるいは永遠の中に投げ入れる前に、シロアリとアリとミツバチを用いて三通りの試験を試みようとしたのだろうか。そしてわれわれはその第四番目の実験、それもおそらく失敗に終わる第四番目の実験になるのであろうか。最初の三つの試みからわれわれは自身の運命のなんらかの予兆を引きだすことができるだろうか。

ここをこそ凝視しなければならない。すべてを問う必要がある。やはりまず宇宙と同じくらい古いわれわれの電子に尋ねてみるのがいいだろう。理論的には電子はすべてを知っているはずだから、すべてを告げてくれるだろう。われわれが語るとき、それはわれわれの構成要素である電子が語っているともいえるのだ。しかし、今のところは、電子はわれわれに了解しえないこと、まだ知る資格がわれわれにないことについては沈黙を守っている。彼らをあてにすることができないとしたら、地上でわれわれにもっとも似ているもの、社会的昆虫に目を向けるほかあるまい。それ以外に標本となるものはないのである。それこそ三とおりの形態を通して、われわれが見出しうる唯一の類縁であり、反面教師であり、唯一の予兆を発見しうるものなのだ。これまでのところ、われわれが自分の運命の像を求めることができるのは、この三つの面をもった鏡だけなのである。この劇の役者がいかに小さかろうと、彼らはそれなりの威厳と重要性をもっている。誰も知っているとおり、われわれがおかれている無限のなかでは、体長の大小など問題にはならない。天体で起こることも、一滴の水のなかに起こることも、同じ法則に従っているのである。

VI

ミツバチもシロアリもともに同じ問題にかかわっているが、しばらくアリだけを見ることにしよう。アリはハリアリ亜科から出発して今日に至っているのだが、彼らはこれからどこまで進むのだろうか？　今が絶頂なのだろうか、それともそのすぐれた共和国が贅沢品の寄生者による外憂にさらされていることから懸念されるように、すでに衰退の時期を迎えているのだろうか。アリには別の未来があるのだろうか。彼らは何を期待しているのか。何百万年という歳月がものの数ではないとしたら、何億兆にものぼる生と死もなおさらものの数ではないだろう。結局、何が重要なのか、アリたちはその目的を達成したのだろうか、そしてその目的とは？　地球、自然、宇宙に明確な目的がないとしたら、いったいアリやわれわれが目的を持てるだろうか。何によってわれわれは一つの目的をもつだろうか。生まれ、生き、死ぬ、そしてそれをあらゆるものが消滅するまで繰り返す、それで十分なのではなかろうか。ある人が夜中に眼をひらき、地上や海の一画、いくつかの星、ひとりの人間の顔に目をやり、そして永久に眼を閉じる。何を嘆くことがあろう。それがわれわれに起こっていることではないか。すべてが一瞬にすぎないとしても、まったく存在しないよりはましではないか。

アリは何かの役に立っただろうか。われわれは曲線の頂点に達するとき、何に役立とうというのか。われわれの頭脳のなかで生じるときは精神的とよばれる物理現象が、無限に繰り返されて、厳密には不確定な、それまでになかった新しい組合せの発見を可能にすること以外には何の貢献もなしえないのである。

VII

結局、アリは死んでからどこへ行くのだろう？　何になるのだろう？　この問題が相手がアリのときには微笑し、こと人間の場合となると厳粛になるのはどういうわけか。アリとわれわれのあいだにそれほど大きなちがいがあるだろうか。われわれは一足ごとにアリの知性を予想するし、それを認めまいとすれば、はっきりとした証拠に無理な抵抗をしなければならなくなる。われわれは石や植物や、本能にのみ支配された野獣と向きあっているのではなく、うすい膜によってかろうじて隔てられているにすぎない存在のすぐかたわらにいるのである。多くの点において、われわれとアリとが同等になるには、ほんのわずかのことで足りるであろう。しかも、これらの神秘的な点について、正しい判断ができないのは、われわれの無知のせいである。われわれの頭脳の活動が、もう少し大きいか小さいかすれば、宇宙や正義や永遠の法則を根底からくつがえし、不死を確認するかそれとも永久にそれが不可能になるとでもいうのだろうか。

われわれにとってもっと容認しがたいことは、あらゆる経験、あらゆる努力の結実、悪や悲惨や苦痛に対する戦い、物質との闘争、これらのすべての成果を蓄積するにたる一種の貯蔵庫が空間と時間のどこにも与えられていないことである。そして、いつかすべてが失われ、まるで何事もそれまでに成されなかったかのように、いっさいをふたたび始めなければならないことである。さらには、このことから諸悪が増大し、万人が苦しみ、夜が世界を包んだとしても、せいぜい何も変更を加えず、誰の役にも立たないのが最善だとされたりすることである。

われわれを他の生命から区別する最大の標識は、われわれが不満をもち、不足をかこつことにあるのだろうか。われわれは、一〇番目のあるいは一万番目の地位にあるにすぎない惑星、地球に対して、あまりにも過大な要求をつきつけているのだろうか。地球は自分のできることをし、自分が持てるものを与える。しかしまた、そこに棲むわれわれ以外の存在も、われわれと同じように不満をもらしたりしていないとは誰にも言えないのではないだろうか。改善を願うのはわれわれだけなのか。われわれを他の生命からへだてているのは、この考えなのだろうか。こうした改善を願う考えはどこからやって来たのだろうか。われわれは他の生命同様、この地球を離れたこともなければ、この地球が提供する模範しか知らないのだから、そう自問してみたくもなるのである。良し悪しを判断し異議を申し立てる思想は、判断しようとする対象から生じるものだろうか。いずれにせよ、われわれはこの思想をもち、この思想が、われわれと他の生物とを分かつものになっているのだから、この改善を願うという考えをなおざりにしてはならない。おそらくそれだけが、地球外からわれわれのもとへやって来たものなのではあるまいか。

蟻の生活・文献

BIBLIOGRAPHIE（参考書目）

☆——以下にあげる文献は原著から直接引用したものです。

Alverdes(Fr.). : *Social Life in the Animal World.* New-York. Harcourt, Brace et Co.1927.: *Manuel descriptif des fourmis d'Europe pour á l'etude des insectes myrmécophiles.* Revue Mag. Zool. 1874. : *Species des Hyménoptères composant le groupe des Formicides de l'Europe.* 1881-1885. : *Les fourmis.* Hachette.1886.

Belt (T.). : *The Naturalist in Nicaragua.* London. 1874.

Bethe(A.). : *Dürfen wir Ameisen und Bienen psychische Qualitäten zuschrieben?* 1898.

Bonnet(Charles). : *OEuvres d'histoire naturelle et de philosophie.* 1779. : *Traité d'entomologie.* 1745.

Bouvier(E.-L.). : *Le communisme chez les insectes.* Flammarion. Paris. 1926. : *La Vie psychique des insectes. Ibid.* 1922. : *Habitudes et métamorphoses des insectes. Ibid.*

Brun(R.). : *Psychologische Forschungen an Ameisen.* 1922. : *Le problème de l'orientation lointaine chez les fourmis et la doctrine transcendantale de V. Cornetz.* 1916.

Bugnion(E.). : *La guerre des fourmis et des termites, etc. Kundig. Genève.* 1923.

Bryan(Ch.). : *Harvesting Ant.* Nature. 60. 174. 1899.

Buckley(S.-B.). : *The Cutting Ants of Texas.* Proc. Acad. Nat. Sc. Phila. P. 233. 1860.

Brent (C.) : *Notes on the OEcodomas or Leaf-cutting Ants of Trinidad.* Am. Nat. 20. 2. 1886.

Cornetz (V.) : *Les exp'orations et voyages des fourmis.* 1914. : *Les sentiment topographique chez les fourmis.* Revue des Idées. Paris. 1909. : *Opinions diverses à propos de l'orientation de la fourmi.* Bull. Soc. Hist. Nat. Afrique Nord. 1914. : *L'illusion de l'entr'aide* *chez la fourmi.* Rev. des Idées. 1912. : *De la durée de la mémoire des lieux chez la fourmi.* Arch. de Psychologie. 1912. : *Quelques observations sur l'estimation de la distance chez la fourmi.* Soc. Hist. Nat. Afrique Nord. 1912. : *Transport des fourmis d'uu lieu dans un autre.* Ibid. 1913. : *Divergences d'interprétation à propos de l'orientation chez la fourmi.* Rev. Suisse Zool. 1913. : *Les fourmis voient-elles des radiations solaires traversant les corps opaques?* Inst. gén. Psychologique. 1912.

De Geer (K.). : *Mémoires pour servir à l'histoire des insectes.* 1773.

Dodd (F.-P.). : *Notes on the Queensland Green Tree Ants.* Victorian Nat. 18. 136-140.

Doflein (F.). : *Beobachtungen an den Weberameisen.* Biol. Centralb. 25. Leipzig. 1905.

Dohrn (C.-A.). : *Zur Lebenweise der Paussiden.* Stett. Ent. Zeitg. 37. 1876.

Dominique (J.). : *Fourmis jardinières.* Bull. Soc. Nat Ouest. Nantes. 1900.

Douglas (J.-W.). : *Ants-nest Beetles.* Ent. Weekll Intell. 1859.

Dufour et Forel (A.). : *La sensibilité des fourmis à l'action de la lumière ultra-violette.* Arch. Sc. Phys. Nat. 1902.

Ebrard (E.). : *Nouvelles observations sur les fourmis.* Biblioth. Univer. Suisse. 1861.

Émery(C.).: *Origine de la faume actuelle des fourmis d'Europe.* Bull. Soc. Vaud. Sc. Nat. 1892. : *Catalogue des formicides d'Europe.* : *Sur l'origine des fourmilières.* C. R. 6e Congr. Intern. Zool. Berne. 1905. : *Éthologie. Phylogénie et Classification.* Berne. 1904.

Escherieh (K.). : *Ameisen-Psychologie.* Beil. Allgem. Zeitg. München No 100. 1899. : *Die Ameise. Schilderung ihrer Lebenweise.* Braunschweig Fr. Vieweg und Sohn. 1906.

Espinas (A.) : *Des sociétés animales.* Paris. Alcan.

Fielde (A.-M.). : *The sense of Smell in Ants.* The Independent. Aug. 1905. : *The sense of Smell in Ants* Ann. N.-Y. Acad. Sc. I. 1905. : *The Progressive Odor of Ants.* Biol. Bull. 1902. : *Tenacity of Live in Ants.* Biol. Bull. 7. 1904, et Scient. Amer. 93. 1905.

Forel (A.). : *Les fourmis de la Suisse.* 1920. Genève. *The Social World of the Ants.* 1928. New-York. Albert et Charles Boni. : *Le monde social des fourmis,* 5 vol. Genève. 1921-23.

Goeldi (E.). : *Myrmécologische Mitteilung das Wachsen des Pilzgartens bei Atta cephalotes betreffend.* C. R. 6e Congr. Internat. Zool. Berne. 1905. : *Beobachtungen über die erste Anlage einer neuen Kolonie von Atta cephilotes. Ibid.* 1905.

Green (E.-E.) : *On the Habits of the Indian Ant.* (OEcophylla Smaragdina). Trans Ent Soc. London proc. 1896.

Hamilton (J.). : *Catalogue of the Myrmecophilous Coleoptera.* Cand. Ent. 1888-89.

Heyde (K.). : *Die Entevicklung der Psychischen Fähighzeiten der Ameisen, etc.* Biol. Zentra lb. V. 44. 1924.

Huber (P.). : *Recherches sur les moeurs des fourmis indigènes.* Genève. 1810.

Huber (J.). : *Ueber die Koloniengrundung bei Atta Sexdens.* Biol. centralb. 25. 1905. : *Idem.* Smiths Report for. 1906.

Von lhering(H.). : *Die Anlage neuer Colonien und Pilzärten bei Atta Sexdens.* 1898. Zool. Anz. 21.

Jacopson (Edward). : *Notes on Web-spinning Ants.* 1907. Victorian. Nat. 24.

Jacobson (E.), et Wasmann (E.). : *Beobachtung über Polyrhachis dives auf Java die ihre Larven zum Spinnen der Nester benutz.* 1905. Notes Leyden Mus. 25.

Janet (Charles). : *Études sur les fourmis, les guêpes et les abeilles.* Notes 13 à 21 (1897 à 1899). : *Études sur les fourmis* (nids artificiels en plâtre, fondation d'une colonie par une femelle isolée). Bulletin de la Soc. zool. de France. 1893. : *Appareil pour l'élevage et l'observation des fourmis.* Ann. de la Soc. entom. de France. 52, 62. 1893. : *Rapports des animaux myrmécophiles avec les fourmis.* 1897. Limoges. Ducourtieux. : *Observations sur les fourmis.* 1904. Limoges. Ducourtieux et Gout.

Kienitz-Gerloff (F.). : *Bezitzeu die Ameisen lntelligelez?* 1899. Naturw. Wochenschr. 14.

Kirby (W.-F.). : *Mental Status of Ants,* etc. 1883.

Kocr (C.-L.). : *Die Pflanzenlause* (Aphiden) . Nurnberg. 1857.

Lameere (A.). : *Notes sur les fourmis de la Belgique.* Ann. Soc. entom. Belge. 1892.

I atreille (P.-A.). : *Essai sur l'histoire des fourmis de France.* Brives. 1798. Histoire naturelle des fourmis. Paris. 1802.

Leesberg (A.-F.-A.). : *Mieren als levende deuren Ent.* Ber. 2. 1906.

Von Leeuwenhoeek (A.). : *Arcana Naturae.* 1719.

Lepeletier de Saint-Fargeau. : *Histoire naturelle des insectes hyménoptères.* Paris. Roret. 1836.

Lespès (C.). : *Sur la domestication des Clavigers par les fourmis.* Bull. Soc. Anthr. Paris. 3. 1868.

Lincecum (G.). : *Notice on the Habits of the Agricultural Ants of Texas.* Journ. Proc. Acad. Nat. Sc. Phila. C. 1862. : *On the Agricultural Ants of Texas.* Proc. Acad. Nat. Sc. Phila. 18. 1866.

Lubbock (Sir John). : *Ants, Bees and Wasps.* Revised Ed. Inter. Sc. Ser. N.-Y. Appleton et Co. 1894. : *On the Habits of Ants.* Sc. Lect. London. 1879. : *Les moeurs des fourmis.* Trad. Battandier. Alger. 1880.

Mc. Cook (H.). : *The Agricultural Ant of Texas.* Proc. Acad. Nat. Sc. Phila. Nov. 13. 1877. : *The Natural History of the Agricultural Ant of Texas.* Phila. 1879. : *The Honey Ants of the Gods and the Occident Ants of the American Plains.* Phila. Lippincott et Co. 1882.

Meisenheimer (J.). : *Lebensgewohnheiten der Ponerinen.* Nat. Wochenschr. 1902.

Michelet (J.). : *L'insecte.* Hachette. 1884.

Moëller (A.). : *Die Pilzgarten einiger südamericanischen. Ameisen.* Iéna. 1893.

Moggridge (J.-T.). : *Harvesting Auts and trapdoor Spiders, with Observations on their Habits and Dwellings.* London. 1873.

Morris (C.). : *Habits and Anatomy of the Honey-bearing Ant.* Journ. Sc. July. 1890.

Müller (W.). : *Beobachtungen an Wanderameisen (Eciton hamatum).* Kosmos. 18. 1886.

Norton (E.-R.). : *Remarks on Mexican Formicidae (Eciton).* Trans. Am. Ent. Sos. 2. 1868. : *Notes on Mexican Ants.* Am. Nat. 2. 1868.

Perkins (G.-A.). : *The Drivers.* Amer. Nat. 3. 1870.

Piéron (H.). : *Du rôle du sens musculaire dans l'orientation des fourmis.* Bull. Inst. Gén. Psychol. Paris. 4. 1904 : *Contribution à l'etude du probleme de la reconnaissance chez les fourmis.* C. R. 6e Congr. Internat. Zool. Berne. 1905. : *L'adaptation à la recherche du nid chez les fourmìs.* C. R. Séances Soc. Biol. Paris. 62. 1907.

Réaumur (R.-A.). : *Histoire des fourmis.* (Avec traduction anglaise et notes de Wheeler. New-York. 1926.

Reinhardt (H.). : *Weben der Ameisen.* Natur u. haus. 14. 1906.

Rennie (J.). : *The Amazon Ant.* Field Nat. Mag. 2. 1834.

Romanes (G.-J.). : *Animal Intelligence.* New-York. Appleton et Co. 1883.

Rudow (F.). : *Ameisen als Gartner.* Insektenborze. 22. 1905.

Santschi (F.). : *A propos des moeurs parasitiques temporaires des fourmis du genre Bothriomyrmex.* Ann. Soc. Entom. France. 75. 1906. : *Nouvelles fourmis de l'Afrique du Nord. Ibid. 77.* 1908. : *Comment s'orientent les fourmis.* 1913.

Saunders (W.). : *The Mexican Honey Ant.* (Myrmecocystus Mexicanus). Canad. Ent. 7. 1875.

Savage (T.-S.). : *On the Habits of the Drivers or Visiting Ants of West Africa.* Trans. Ent. Soc. London. 5. 1847.

De Saussure (H.). : *Les fourmis améicaines.* Bibl. Univ. 10. 1883.

Sehäffer (C.). : *Ueber die geistigen Fähigkeiten der Ameisen.* Verh. Nat. Ver. Hamburg. 1902.

Sehenkling-Prévot. : *Ameisen als Pilz-Zuchter und Esser.* Illustr. Wochenenschr. Ent. 6. 1896. : *Rozites gongylophora, die*

Kulturpilanze der Blattschneide-Ameise. Ibid. 2. 1897.

Schmitz (H.). : *Das leben der Ameisen und ihrer Gaste.* G.-J. Manz. Regenburg. 1906.

Schouteden (H.). : *Les Aphides radicicoles de Belgique et les fourmis.* Ann. Soc. Ent. Belg. 46. 1902.

Scudder (S.-H.). : *Systematic review of our present knowledge of fossil Insects. Bull.* U. S. Geol. surv. 31. 1886.

Smallan (C.) : *Altes und Neues aus dem leben der Ameisen.* Zeitschr. Naurw. 67. 1894.

Swammerdam (J.). : *Biblia Naturae.* Leyden. 1737.

Tepper (J.-G.-O.). : *Observations on the Habits of some South Austrahan Ants.* Trans. and Proc. Roy. Soc. S. Austral. 5. 1882.

Townsend (B.-R.). : *The Red Ant of Texas.* Am. Ent. and bot. St-Louis, Mo. 2 1870.

Urich (F.-W.). : *Notes on Some fungus-growing Ants in Trinidad.* Journ. Trinidad Club. 2-7. 1895.

Viehmeyer (H.). : *Beobachtungen über das Zurückfinden von Ameisen zu ihrem Neste.* Illustr. Zeittschr. Ent. 5. 1900.

Wasmann (E.) (S.-J.). : *Kritische Verzeichniss der myrmecophilen Arthropoden,* etc. Berlin. 1894. : *Instinct und Intelligenz im Thierreich.* Freiburg. Herder'sche Verlagshandlung. 1899 : *Die psychischen Fähigkeiten der Ameisen* 9. Beitr. Kennin. Myrmécoph. Zoologica, II. 26. 1900 : *Zum Orientierungsvermögen der Ameisen.* Allgem. Zeitschr. Ent. 6. 1901. : *Ursprung und Entwickelung der Sklaverei bei den Ameisen.* Biol. Centralb. 25. 1905. : *Zur Geschichte der Sklaverei beim Volke der Ameisen.* Stimm. Maria-Laach. 70. 1906.

Wheeler (W.-M.). : *Ants.* New-York. Columbia University Press. 1926. : *Social Life among the Insects.* New-York. Harcourt. Brace et Co. 1923. : *On the Founding of Colonies by Queen Ants, with special reference to the Parasitic and Slave-Making Species.* Bull. Amer. Mus. Nat. Hist. 22. 1906. : *The Fungusgrowing Ants of North America. Ibid.* 23. 1907.

White (W.-F.). : *Ants and their Ways.* London. 1883.

訳者あとがき

田中義廣

言語・習慣の分別を超えた神秘との対話

ミシュラン社発行の緑色のガイド・ブックのベルギー編を開いてみると、ベルギーの言語分布が色分けして示されている。南半分はフランス語圏、北半球はフラマン語圏と大きく色分けされたその北半分の中で、首都ブリュッセルの二ケ国語並用の斜線が、孤島のように目につく。ブリュッセルでは町の標示や商店の看板など、すべてがフランス語・フラマン語並記となっている。ゲルマン語系のフラマン語、ロマン語系のフランス語というひじょうに性質の異なる二言語を、人々が自在に使い分けるのも、各地方からの人口が流入する首都ならではの現象であろう。

しかし、ベルギーにおける二言語状況は、フランスに近いか、オランダに近いという地理的、平面的区分がすべてではない。メーテルリンクの生まれ育ったガンの町は、ブリュッセルから汽車で一時間足らず、ローデンバッハの『死都ブリュージュ』で知られるブリュージュはガンからさらに三〇分ほどであるが、いずれもフラマン語圏に位置する。フラマン語は皆目理解できない訳者が、ブリュッセルの安ホテルの主人に尋ねると、「ガンやブリュージュでは、ブルジョワはフランス語を話すよ」と答えた。事実、裕福な家庭に育ったというガンの骨董屋の女主人はとうとうとフランス語で喋った。このような階級的言語区分は、メーテルリンクの時代には今日よりもずっと大きなものであったにちがいない。彼の伝記作者の一人の言葉を借りると「召使たちの言葉」であるフラマン語は、家庭内や学校では禁じられていたという。

地理的位置や風土から国民性を云々し、さらにそこから作家を論じることには、牽制付合に陥り、皮相な観察に終始するおそれのあることは百も承知で、なおかつ、ベルギーの作家、とくにフラマン語圏出身の作家の場合は、この言語的状況にこだわってみたい。それは文学が言語を媒介とする以上、どの言葉で書くかということが、すでに一つの決定的選択となっているからである。たとえば、すでに邦訳のある『マルペルチュイ』の作家、メーテルリンクの同郷人で終生ガンに留まったベルギー最大の幻想作家ジャン・レーの場合は、フランス語作品にはジャン・レー、フラマン語作品にはジョン・フランダースと筆名を使い分けていた。世界的言語であるフランス語を用いることによって、広範な読者をえることができる。ジャン・レーもそのフランス語作品によって広く知られ、メーテルリンクの世界的名声も、あるいはローデンバッハやケルドロードの評価も、フランス語使用の寄与するところは少なくないと思われる。

反面、自らの生まれ育った土地の民衆の言葉で語らず、また民衆という読者を持ちえないことは、最初からいわゆる「リアリズム」の可能性を限定している。フランスの文学運動のうちで、象徴主義とシュールレアリスムに参加したベルギー作家がとくに多く目につくのも、この二つの運動の重要性を考慮に入れても、上のような事情と無関係ではあるまい。また世紀末から今日に至るまで、フランス語で発行しているベルギー作家のうちで幻想小説家の占める割合の大きいことも顕著な特徴である。

自然主義に対抗して象徴主義の運動が展開されているパリを訪れたメーテルリンクが、後者に馳せ参じたことは、けだし当然の成行きであろう。厳密に言うと、メーテルリンクは二度目のパリ滞在のとき、一八八六年五月、〝プッセ〟酒場で、レミ・ド・グールモンやローデンバッハと共に、サークルの中心的存在であり、彼の敬愛するヴィリエ・ド・リラダンに出会う。

生涯、フランス語による作品しか書かなかったメーテルリンクではあるが、決して他の言語に無関心であったわけではない。ドイツ語と英語を幼時から外国人家庭教師について学び、一説によると八歳の時はシェークスピアを原文で読んだと言う。事の真偽はさておき、彼の文学におけるシェークスピアの重要性は周知の事実である。ただし、メーテルリンクは英語の発音の方はまったく駄目で、後年、名声をえて、アメリカ合衆国を講演旅行をした際、あえて英語で発表した彼の講演を聴衆はさっぱり理解できず、立往生しかかったというエピソードも伝わっている。

ましてや、郷土の言語であるフラマン語に無関心であったはずはない。両親の願いを受け入れて、一時弁護士として活動していた頃、フラマン語で弁論を行なったのはさしたることではないが、ジャン・ド・ルースブルックの翻訳はずっと重要である。一二九四年に同名の村に生まれ、サント・グドゥールの村司祭となり、一三四三年からグローネンデルで隠遁生活を送ったこの神秘家の著作はフラマン語で書かれていた。一六世紀にはラテン語に翻訳され、一八六九年にやっと元のフラマン語で印刷される。一八八五年にブリュッセルの王立図書館でこのテキストを識ったメーテルリンクは、ユイスマンスの『さかしま』でも言及されているこの同郷の神秘家の仏訳を決意し、一八九一年に『霊的結婚の装飾』と題して出版する。この翻訳はメーテルリンクのフラマン語に対する関心と理解を示すだけではなく、彼の神秘主義の出発点ともなる出来事であった。

おもえば、外国映画の字幕にもフランス、フラマン両語が並記されるように、言語的には異国民といっていい二つの人口層が共存するベルギーにあっては、もう一方の言語の理解、二つの層の相互理解が不可欠であるにちがいない。ひいてはそれが他国民の理解という姿勢につながってゆくのかもしれない。平和問題関係の専門書店の多いこともベルギーの町の特徴である。

このような見方は、あるいは拡大解釈のそしりを逸れないかもしれないが、少なくともメーテルリンクの場合(とくにエッセーにおいて)は、この他者への理解という態度が一貫して見られると思う。

今回邦訳された社会的昆虫の三部作『蜜蜂の生活』『白蟻の生活』『蟻の生活』にも言えることである。この場合、理解の対象は他民族の言語や習慣を超えて、人間以外の被造物、昆虫に及んでいる。これらの昆虫に対するメーテルリンクの態度は、世界的言語の主であるフランス人に見られがちな中華思想的姿勢——蜜蜂や蟻の生活を人間の基準に照らして批評する独善的姿勢——でもなく、極端な感情移入——擬人化でもない。両者は共に人間中心的な思いあがりであろう。といって、表面的な観察に終始しているわけでもない。

あくまでも理解――社会的昆虫の習慣を一つの言語として、最近流行の言葉を借りれば、コードとして読みとろうとする意欲が根底にあるのだ。理解の前提になるのは問いである。ベルギーの作家フランツ・ヘレンスが指摘したように、「メーテルリンクの哲学の結論は、つねに疑問形で提出される」。彼は決して性急に答えを求めようとはしない。われわれが蟻や白蟻などの生活・習慣を十分に理解できないのは、人間が不十分な存在であるからだろう。もし、すべての解答を知っているものがあるとすれば、それは広い意味での神であろう。しかし、メーテルリンクは答えを見出せないときに、ドグマとしての神に、恩寵や決定論という形で、結論を預けることはしない。『蟻の生活』の序論で、彼がジェズイット会士の研究者に投げかけた穏かな非難を思い起こしていただきたい。神を持ち出すことは努力の放棄であり、質問を一つ一つ提出して答えを見出そうとする努力こそ、理解に至る道であると、彼は考えているからである。彼は悲観論者でも楽観論者でもない。むしろメーテルリンクは、人間以外(以上)の存在、地球外の存在から人間を見れば、という仮定を好んで用いる。このような相対的視点によって理解の可能性が広がるのであろう。これも多言語の国に生まれ育った者の柔軟性に由来していると考えるのは思いすごしであろうか。

一九〇一年の『蜜蜂の生活』から一九三〇年の『蟻の生活』に至るまで、三〇年の長き歳月にわたって、前述の態度は一貫して変わらない。これは何も昆虫のみならず、『花の知恵』などの植物についても同じである。それだけではない。動物、植物、生物、無生物などの区別も実は問題ではないのである。要するに世界は一つの書物であり、その言葉、そのコードを読み解きたいと、メーテルリンクは願う。世界とは目に見える世界だけを指すのではない。不可視の世界も世界の一部(あるいは大部分)であり、それが謎であり神秘であればあるほど、彼を惹きつけるのだ。

メーテルリンクの思索的著作はこれらの領域に集中している。神秘家、伝説の文明、死、心理、偶然性、因果律、重力など、彼の不可視の領域に対する関心は尽きることがない。メーテルリンクの形而上学(ドグマ的ではない)の対象は、最大の難問、空間と時間にも及んでいる。アインシュタインの相対性理論の発見と、四次元の時空連続体という考えに触発されたメーテルリンクの最後の労作は、『宇宙の生活』と題されている。

これらの著作はすべて見事なフランス語の文体によって支えられている。メーテルリンクのエッセーにおいては、もはや文学、科学、哲学の区別は存在しない。すべてが世界を理解しようとする人間的努力の証しなのである。

なお本書は *"La vie des fourmis"*〈Fasquelle 一九三〇年版〉の全訳である。

今回の翻訳を上梓するにあたって、昆虫学には門外漢の訳者に、多大な援助をしていただいた馬場喜敬さん、奥井一満さん、およびひとかたならぬお世話になった工作舎編集部の田辺澄江さん、岡田啓司さんに感謝の意を表したい。

一九八一年七月四日

◉著者紹介

モーリス・メーテルリンク　Maurice Maeterlinck（一八六二―一九四九）

一八六二年八月二九日、ベルギーの河港都市、ガンに生まれる。ガン大学法学部に学び、弁護士への道が開かれていたが、法廷に立つよりも文学の道を選びパリへ渡る。詩集『温室』、戯曲『マレーヌ王女』『闖入者』『ペレアスとメリザンド』などで一九世紀末の文壇に踊り出る。世界的に有名な戯曲『青い鳥』は一九〇六年の作。一九一一年、ノーベル文学賞を受賞している。「博物神秘学者メーテルリンク」を伝える昆虫三部作『蜜蜂の生活』（一九〇一）、『白蟻の生活』（一九二六）、『蟻の生活』（一九三〇）は社会的昆虫の生活をテーマとした博物文学の名品。また、美しい科学エッセイ『花の知恵』（一九一二）をはじめとする植物に関する著書もいくつかある。園芸好きの父の影響か、ニースの〈蜜蜂荘〉を理想的な庭と家として、こよなく愛したという。

◉訳者紹介

田中義廣（たなか　よしひろ）

一九五〇年兵庫県生まれ。京都大学大学院博士課程修了。仏文学を専攻。その後、パリ大学ソルボンヌ分校に留学。シャルル・ノディエを中心として幻想文学に関心をいだく。訳書にマルセル・ベァリュ『水蜘蛛』（エディシオン・アルシーブ）、ルネ・ゲノン『世界の終末』（平河出版社）がある。

蟻の生活

発行日――一九八一年七月五日初版発行　二〇〇〇年一一月三〇日改訂版第一刷発行
著者――M・メーテルリンク
訳者――田中義廣
編集――田辺澄江
エディトリアル・デザイン――宮城安総＋小泉まどか
印刷・製本――文唱堂印刷株式会社
発行者――中上千里夫
発行――工作舎 editorial corporation for human becoming
〒150-0046 東京都渋谷区松濤2-21-3 phone:03-3465-5251 fax: 03-3465-5254
URL http://www.kousakusha.co.jp e-mail:saturn@kousakusha.co.jp
ISBN4-87502-341-3